中国海洋保护区档案

Archives of China Marine Reserve

（上卷）

朱德洲　主编

文稿编撰 ◎ 李子薇　徐紫银

图片统筹 ◎ 张跃飞

中国海洋大学出版社
·青岛·

图书在版编目（CIP）数据

中国海洋保护区档案／朱德洲主编．—青岛：中国
海洋大学出版社，2021.5

ISBN 978-7-5670-2772-5

Ⅰ.①中⋯　Ⅱ.①朱⋯　Ⅲ.①海洋－自然保护区－介
绍－中国　Ⅳ.① X36

中国版本图书馆 CIP 数据核字（2021）第 015122 号

ZHŌNGGUÓ HǍIYÁNG BǍOHÙQŪ DÀNG'ÀN

中国海洋保护区档案

出版发行	中国海洋大学出版社		
社　　址	青岛市香港东路23号	邮政编码	266071
出 版 人	杨立敏		
网　　址	http://pub.ouc.edu.cn		
电子信箱	flyleap@126.com		
订购电话	0532-82032573（传真）		
责任编辑	张跃飞　孙宇菲　郑雪姣	电　　话	0532-85901984
印　　制	青岛海蓝印刷有限责任公司		
版　　次	2021年5月第1版		
印　　次	2021年5月第1次印刷		
成品尺寸	185 mm × 260 mm		
印　　张	70.25		
字　　数	1 000千		
印　　数	1~2 000		
审 图 号	GS（2021）2593号		
定　　价	798.00元（全三卷）		

发现印装质量问题，请致电0532-88785354，由印刷厂负责调换。

《中国海洋保护区档案》

编委会

前　言

　　我们生活的地球，从太空中俯瞰，它的表面有超过七成的部分被蔚蓝的海洋覆盖，因此也被称为"蓝色星球"。海洋是生命的摇篮，它孕育着物种的奇迹，也是食物的聚宝盆。千万年来，海洋为人类的生存和发展提供着源源不断的"蓝色能量"。

　　当人类社会迈入新纪元，蓝色海洋时代也悄然来临。随着陆地资源的减少，人们对海洋资源的需求日益增加，海洋开发力度日渐加大，对海洋环境，特别是海岸带及近海海洋环境造成越来越大的威胁，大量的海洋生物受到严重威胁，一些种类甚至处于濒危状态。日益加剧的海洋环境危机迫切需要人们采用新的管理措施和手段，以加强海洋环境保护与海洋资源的可持续开发。在这种形势下，各种类型的海洋保护区便应运而生。

　　我们所说的海洋保护区，是为了保护珍稀、濒危海洋生物物种、经济生物物种及其栖息地以及有重大科学、文化和景观价值的海洋自然景观、自然生态系统和历史遗迹需要所划定的海域。它又包括海洋自然保护区和海洋特别保护区。

　　海洋自然保护区是以海洋自然环境和资源保护为目的，依法把包括保护对象在内的一定面积的海岸、海岛、滨海湿地或海域划分出来，进行特殊保护和管理的区域。我国将国际可持续发展理论与国内海洋资源开发需求相结合，提出了具有中国特色的"海洋特别保护区"概念，即根据区域地理条件、生态环境、生物与非生物资源的特殊性以及海洋开发利用对区域的特殊需要而划定的区域。根据海洋特别保护区的地理区位、资源环境状况、海洋开发利用现状和社会经济发展的需要，海洋特别保护区可以分为海洋特殊地理条件保护区、海洋生态保护区、海洋公园、海洋资源保护区等类型。海洋保护区的设立在很大程度上维持了海洋开发与保护的平衡，保护了海洋生物的多样性，最大化地实现了海洋资源的可持续利用。众多海洋保护区的建立，使我国

初步形成了类型多样、功能完善的海洋保护网络，为我国近海构筑起一道海洋生态保护屏障。

为了向全社会展示我国海洋保护区的基本情况和保护计划，增强全民海洋生态保护意识，原国家海洋局宣传教育中心决定委托中国海洋大学出版社组织专家学者编写《中国海洋保护区档案》，希望对推进我国海洋环境保护事业发挥积极的作用。

该书分为上、中、下三卷，按照中国地理自然分区的原则，一共整理了辽宁、河北、天津、山东、江苏、浙江、福建、广东、广西、海南的81个国家级海洋保护区的档案资料，每卷包括27个保护区，相关资料的截止时间是2018年12月。

立足于各个海洋保护区的发展现状，该书为每一个海洋保护区都制作了名片，包括保护区的地理位置、地理坐标、批建时间、总面积、保护对象、资源数据等内容，且附以清晰的功能分区图；并以图文并茂的形式，详细介绍了各保护区的发展脉络与管理、代表性资源（包括动植物资源、旅游资源、矿产资源等）以及当地历史人文与风土习俗，力求多角度、全方位地展示各海洋保护区的总体风貌，使所在海区的自然景观、自然资源、生态环境以及人文风俗能够更加立体、更加具象地呈现在读者眼前。在本书的最后设置了附录，包括《海洋自然保护区管理办法》《海洋特别保护区管理办法》《国家级海洋保护区规范化建设与管理指南》。

21世纪是海洋的世纪，我国要建设海洋强国，必须充分利用海洋资源，保护和改善海洋环境，发挥海洋在可持续发展中的战略性作用。诚然，我国的海洋保护区建设已取得了丰硕成果，但同时，海洋保护区的管理仍存在着诸多不足，相关法律体系也亟须完善。希望读者翻阅这套书时，不仅能更加深入地认识和了解海洋保护区，领略海洋的壮美与神秘，而且能看到几十年来中国海洋生态保护事业的艰辛与不易，认识到海洋保护区的建设与管理是一项长期而又艰巨的任务，协调海洋保护与资源开发的关系更是任重而道远，需要我们不懈的坚持与奋斗。

编委会

2021年1月12日

总目录

中卷

下卷

大连长山群岛国家级海洋公园

DALIAN CHANGSHANQUNDAO GUOJIAJI HAIYANG GONGYUAN

 一 保护区名片

地理位置	位于辽东半岛东南侧的黄海北部海域，东与朝鲜半岛相望，西部和北部与大连市市区、普兰店区和庄河市毗邻
地理坐标	39°08′N ～ 39°18′N，122°17′E ～ 122°49′E
级别	国家级
批建时间	2014 年 3 月
面积	总面积 519.39 平方千米（岛屿面积 80.91 平方千米，海域面积 438.48 平方千米）
保护对象	大长山岛、小长山岛和广鹿岛及其周边海岛的海洋生态系统
关键词	"天然鱼仓"、海防前哨、贝丘
资源数据	保护区内有海岛（礁）84 个，其中有居民海岛 11 个。拥有海岛、沙滩、湖泊区、岛岸岩礁等众多景观带

大连长山群岛

 保护区概况

　　大连长山群岛国家级海洋公园划分为重点保护区、生态与资源恢复区、适度利用区和预留区4个功能区。重点保护区以保护为主，可开展保护珍稀物种、海岛沙滩、岛岸岩礁景观带等资源的相关活动；生态与资源恢复区实施定期生物增养、监测水质、监测生物环境质量、控制旅游观光活动等措施，开展生态恢复活动；适度利用区则充分依托海岛交通、住宿、娱乐、休闲、林地优势，发展滨海游览观光、沙滩浴场等旅游业。

　　大连长山群岛国家级海洋公园风光秀美、气候宜人，奇礁，异石，港湾，沙滩，海蚀、海积地貌景观，以及人文景观遍布。海洋公园内海域广阔，海岸线绵长，海湾、水道、滩涂和渔场众多，素有"天然鱼仓"之美誉。

三 功能分区图

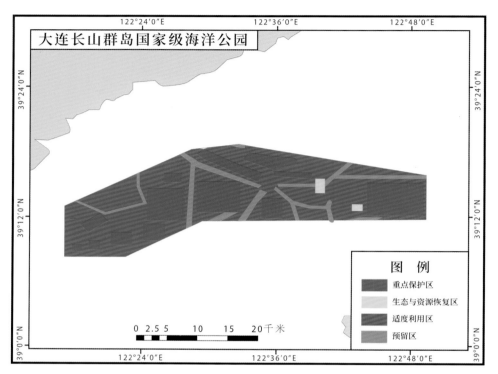

四 代表性资源

（一）动物资源

大连长山群岛国家级海洋公园岛陆动物主要有大蟾蜍、东北雨蛙、黑斑蛙、金线蛙、蜥蜴、虎斑游蛇、黄鼬等。鸟类主要有黄嘴白鹭、黑脸琵鹭、海鸬鹚、布谷鸟、啄木鸟、猫头鹰等。其中，黄嘴白鹭、黑脸琵鹭为国家一级重点保护野生动物，海鸬鹚为国家二级重点保护野生动物。海域珍稀、濒危动物有小须鲸、长须鲸、灰鲸、伪虎鲸、瓶鼻海豚、东亚江豚、西太平洋斑海豹。其中，小须鲸、长须鲸、灰鲸、西太平洋斑海豹为国家一级重点保护野生动物，伪虎鲸、瓶鼻海豚、东亚江豚为国家二级重点保护野生动物。

黄嘴白鹭

▶ 黄嘴白鹭

学　　名	*Egretta eulophotes*
中文别称	唐白鹭、白老等
分类地位	脊索动物门鸟纲鹳形目鹭科白鹭属
自然分布	在我国主要分布于广东、海南、福建（夏候鸟），西沙群岛（冬候鸟），偶见于辽宁、吉林、山东、江苏、浙江及台湾

黄嘴白鹭是中型涉禽，体长 46 ～ 65 厘米，体重 290 ～ 650 克。幼鸟嘴褐色，但基部黄色；腿和眼先皮肤呈黄绿色；无细长的饰羽。成鸟体羽白色，羽冠向后呈丛状。脚黑色而趾绿黄色，冬季脚变黄绿色。虹膜黄白色，眼先裸部蓝色（冬季黄绿色）。嘴橙黄色（冬季黄褐色），下嘴基部黄色。成鸟在繁殖期内有细长的饰羽。

黄嘴白鹭栖息于海滨或港湾的沙洲、水田，以鱼、虾、甲壳类及昆虫为食。有结群营巢，修建旧巢和与池鹭、夜鹭、牛背鹭混群共域繁殖的习性。4 月下旬可飞到繁殖地。10 月南迁越冬。

黄嘴白鹭繁殖期为 5 ～ 7 月。多在海岸悬崖岩石上、矮小的树杈间、沼泽塔头上筑浅碗形巢。巢结构较简单，主要以枯草茎和草叶构成。巢的大小为外径 36 ～ 45 厘米，内径 20 ～ 24 厘米，巢深 3 ～ 6 厘米。窝卵数 2 ～ 5 枚。卵的形状为卵球形，颜色为淡蓝色，卵的大小为（43 ～ 53）毫米 ×（31 ～ 38）毫米，卵重 24 ～ 32 克。雌鸟产卵后，雌雄鸟要轮班看守鸟蛋，绝不允许其他鸟类进入自己的领地。孵化期 24 ～ 26 天，育雏期 35 ～ 40 天。

黑脸琵鹭

▶ 黑脸琵鹭

学　　名	*Platalea minor*
中文别称	黑面琵鹭、匙嘴鹭、小琵鹭
分类地位	脊索动物门鸟纲鹳形目鹮科琵鹭属
自然分布	在我国主要分布于东北、贵州、湖南、浙江（旅鸟）、台湾、福建、广东（冬候鸟），偶见于海南

　　黑脸琵鹭属于大型涉禽，琵琶形的大嘴是琵鹭类鸟类共有的特征，全长约80厘米。体羽白色。其后枕部有长羽簇构成的羽冠；额至面部皮肤裸露，为黑色。长长的嘴呈灰黑色，先端扁平，呈匙状，形似琵琶，长约20厘米。腿长约12厘米，腿与脚趾均黑色。雌雄羽色相似，冬羽与夏羽有别：冬羽纯白，羽冠较短；夏羽羽冠及胸羽为染黄色。

　　黑脸琵鹭一般栖息于内陆湖泊、水塘、河口、沼泽、水稻田、沿海岛屿等湿地环境。它们喜欢群居，每群为三四只到十几只不等，更多的时候是与大白鹭、白鹭、苍鹭、白琵鹭、白鹮等涉禽混杂在一起。它们常常悠闲地在潮间带以及咸淡水交汇的基围、滩涂上觅食。觅食的方法通常是用嘴插进水中，半张着嘴，在浅水中一边涉水前进，一边左右晃动头部扫荡，凭触觉捕食水底层的鱼、虾、蟹、软体动物、水生昆虫和水生植物。捕到后，就把长嘴提到水面上，将食物吞吃。飞行时姿态优美而平缓，颈部和腿部伸直，有节奏地缓慢拍打着翅膀。它们的性情温顺，不好斗，从不主动攻击其他鸟类。

黑脸琵鹭繁殖期为每年的 5～7 月，但常常 3～4 月就来到繁殖地区。它们常常两三对一起在临水的高树上营巢。巢的形状像一个盘子，主要由干树枝和干草等构成。黑脸琵鹭每窝产卵 4～6 枚。卵呈白色，上面布有浅褐色的斑点。孵化期大约需要35 天。雏鸟全身被有绒羽，除眼周外脸面并不呈黑色。育雏期间，雏鸟靠亲鸟捕捉贝类、小鱼、小虾等来饲喂。一个月后即能离巢出飞，与亲鸟一起活动，练习捕食等。幼鸟长大以后，随亲鸟于 10～11 月离开繁殖地，前往越冬地。

黑脸琵鹭（右）

小须鲸

▶ 小须鲸

学　　名	*Balaenoptera acutorostrata*
中文别称	小鳁鲸、尖嘴鲸
分类地位	脊索动物门哺乳纲鲸偶蹄目须鲸科须鲸属
自然分布	在我国黄海、渤海、东海、南海均有分布

　　小须鲸的鳍肢中央部分有一条宽 20～35 厘米的白色横带，南极海域的小须鲸亚种没有此白色横带。体短粗，头部较小，上额前端比较尖锐。腹部褶沟有 50～72 条，向后延伸终止于脐的稍前方。背部与体侧带有浅蓝色、暗灰或黑灰色条纹或斑纹，腹面和尾鳍腹面都是白色。鲸须每侧有 200 多片，须板和须毛都呈黄白色。一般来说，成年鲸的体长为 9 米左右，最大体长为 10.7 米，最大体重为 13.5 吨。

　　小须鲸通常单独或 2～3 头群游。在索饵场，有时形成大群。呼气时，喷出的雾柱细而稀薄，高达 2 米，但很快消失。体躯露出水面部分比其他鲸类要多，背部露出较高。主要食物为磷虾、桡足类和玉筋鱼。在我国黄海海域的小须鲸，还少量捕食鳀、青鳞鱼、斑鲦、黄鲫、多鳞鱚、小黄鱼、鲅、黄姑鱼等。冬春季多游向低纬度水域，夏秋季则索饵达高纬度水域。喜围绕船只嬉游。仅在发情交配期短时合游，喜欢潜水。饵料密集时，都游来觅食，食后分散游去。小须鲸常常母仔伴游。游泳速度较快，一般每小时 5 ~ 7 海里，被追捕时可达每小时 10 海里。常靠近海岸活动，有时逗留在海峡或海湾内。

雌鲸妊娠期约 10 个月，有的可每年产仔 1 次，每次产仔 1 胎，偶尔也产双胎。初生的仔鲸体长为 2.4 ~ 2.8 米，哺乳期为 5 ~ 6 个月。

在水中的小须鲸

仿刺参

▶ 仿刺参

学　　名	*Apostichopus japonicus*
中文别称	刺参、沙喽、灰刺参、灰参、海鼠
分类地位	棘皮动物门海参纲楯手目刺参科仿刺参属
自然分布	在我国主要分布于辽宁、山东、河北等省沿海

　　仿刺参呈圆筒状，一般体长 20 ～ 40 厘米。背面体色一般为黄褐色或栗褐色，此外还有绿色、赤褐色、紫褐色、灰白色和白色等，常带有深浅不同的斑纹；腹面颜色较浅。体背面隆起，有 4 ～ 6 行大小不等、排列不规则的圆锥形疣足。腹面平坦，管足密集，排列成不很规则的 3 纵带。口偏于腹面，具楯形触手 20 个。生殖腺位于背悬肠膜的两侧。多生活在波流平稳、无淡水注入、海藻繁茂的岩礁底或大叶藻丛生的细泥沙底。产卵期一般在 5 月底至 7 月初。产卵后成体钻到石下或石缝中"夏眠"，至 9 月底或 10 月初再出来活动和摄食。

仿刺参

光棘球海胆

▶ 光棘球海胆

学　　名	*Strongylocentrotus nudus*
中文别称	大连紫海胆、黑刺锅子
分类地位	棘皮动物门海胆纲拱齿目球海胆科球海胆属
自然分布	在我国分布于辽东半岛和山东半岛北部沿海

　　光棘球海胆呈半球状。其生活时，壳为灰绿色或灰紫色。成体棘为紫黑色，幼小个体的棘为紫褐色或黑褐色。最大壳径可达 10 厘米。栖息于沿岸浅海至水深 180 米海藻较多的岩礁底。繁殖季节在 6 月至 7 月中旬。其生殖腺营养丰富，其中的二十碳五烯酸含量占总脂肪酸含量的 30% 以上，可预防心血管病。从光棘球海胆中提取的波乃利宁，具有抑制癌细胞的作用。

（二）旅游资源

　　长山群岛作为我国北方唯一的多单元海岛，具备诸多独特的自然地貌。如大长山岛的"金蟾望海"、"万年船"、石林、美人礁等，小长山岛上的金沙滩浴场、来自天外的访客——陨石等，均为不可再生的佳景奇观。郭沫若先生途经长山群岛一带时，用"貔子窝前舟暂停，阳光璀璨海波平。汪洋万顷青于靛，小屿珊瑚列画屏"的赞美诗篇来描绘它的神韵悠远。

▶ **"金蟾观海"**

　　蚆蛸坨子位于大长山岛南部海域，距大长山岛约 0.5 千米，属大长山岛镇，形似金蟾。广阔的海域，曲折的岛岸，幽静的港湾，一只"金蟾"端坐在这里，望向海面，惟妙惟肖。大自然的鬼斧神工，令人赞叹不已。于是，该景点被称为"金蟾观海"。

"金蟾观海"（左）和"万年船"（右）

"万年船"

在大长山岛海神娘娘像的正前方，离岸百米的海面上有一块巨型礁石，像一个大船帆，高 15 米。千万年来无数次潮升潮落的冲刷雕刻，使这座礁石像是鼓满了风、乘风破浪、日夜兼程、执着地向远方驶去的帆船。这座礁石本应叫"万年帆"，因"帆"与"翻"谐音，不吉利，故名"万年船"。

五 历史人文

（一）历史遗址

▶ **长山群岛的原始史迹**

长山群岛有从新石器时代到战国时期的人类活动遗址 32 处。在大长山岛、广鹿岛、獐子岛、海洋岛上，至今仍然可以看到原始居民食用贝类后弃置的贝壳堆成的丘墟，这种原始史迹被考古学家们称为"贝丘遗址"。另外，在长山群岛

广鹿岛小珠山贝丘遗址

还出土了大量的文物，包括石器、陶器、骨器、玉器、贝器、青铜器等，有 2 000 多件。保护区内的广鹿岛小珠山贝丘遗址的发现，将辽宁地区人类活动历史向前推进了1 000 多年。

（二）历史故事

▶ "海上要道一把锁"

长山群岛的军事地位也十分重要，特别是海洋岛，它是我国领海基线上的基点，为黄海北部海上交通的要冲，一向有"海上要道一把锁"之称。海洋岛距离韩国海军基地白翎岛只有 90 海里，是我国的海防前哨。近百年来，外国列强入侵我国东北，曾多次以长山群岛作为跳板，而后登陆辽东半岛。1894 年的中日甲午战争，日本就是先控制了长山群岛，然后从辽东半岛花园口登陆的。1904 年的日俄战争，日本海军司令官东乡平八郎也是先让联合舰队的主力停泊在长山群岛，然后等待时机歼灭沙俄舰队的。

▶ 小长山岛与影片《秘密图纸》

影片《秘密图纸》海报

影片《秘密图纸》是根据发生在小长山岛的潜艇水坞图纸泄密事件改编而成的。20 世纪 60 年代中期，中苏关系开始恶化。珍宝岛自卫反击战后，中苏关系更加紧张。1972 年，为加强黄海一带的海军实力，我国在小长山岛东部的大核沟秘密修建潜艇水坞。这对于保护旅顺口海军基地有着非常重要的作用。工程接近尾声时，其图纸被盗，水坞因而废弃。水坞现已成为网箱养殖和供游客游览的地方。水坞为盖顶封闭式建筑，长 1 000 米，宽 15 米，水深 12 米，水面距洞顶 20 米。游客可以划小木船，进入这里。因为洞内既无照明设施又遍布网箱，所以游客必须带上手电筒。

（三）民间传说

▶ 狮子石和刁坨子

在大长山岛南部近岸，有两块礁石——狮子石和刁坨子。围绕这两块礁石，有一则神话故事。海里的香螺姑娘来到人间，与海岛上一钓鱼少年相爱，却受到蚍蛸刁婆子百般阻挠。在与蚍蛸刁婆子斗争中，与少年形影不离的狮子狗被杀死，后变成一块礁石，就是现在的狮子石。而蚍蛸刁婆子经常栖息的礁石，被人们起名为刁坨子。狮子石栩栩如生，与长山群岛中的猴儿石、美人礁、"万年船"等，同为海上旅游景点。

▶ 明珠双坨

明珠双坨风景区还包括核大坨、核二坨、核三坨和蚍蛸岛，共有自然景观15处。这里水净沙洁、景色宜人。这一带建有大连长海海洋珍贵生物省级自然保护区。

传说，东海龙王有个小女儿，聪明手巧，喜好画画。她常常将大海做纸，画出云遮雾罩的大小岛砝、奇妙古怪的坨子，还在岛坨的旁边画些龇牙咧嘴的礁石。有一天，龙王领着女儿们春游到北海，看完了花红草绿的海洋岛和獐子岛，又来到北边的小长山岛。这岛远看像一个大龙虾在弯腰戏水。小龙女看得来了兴致，随手在水面上画出个大龙虾。姐姐们都夸小妹画的大龙虾活灵活现的。龙王过来一看，笑着说："画龙点睛嘛！"说完，就把手指头蘸着口水往龙虾头上点了两个点，岛的东头马上生出两个小坨子，它们还真像龙虾的一对眼睛。公主们都为父王露的这一手拍手叫好。从那以后，人们就把东边盛产波螺的小坨子叫作波螺坨子，还说海里的小波螺都是从波螺坨繁生出来的。西边坨子的沙滩在夜里还放着光，人们就给取名沙珠坨子。两个坨子有着好听的传说，后人又送给一个更好听的名字，叫"明珠双坨"。

（四）风土人情

▶ 海神娘娘

海神娘娘塑像

沿海一带的渔民在庙会日、出海日等祭祀海神娘娘。他们船上悬挂门旗，并书写对联，杀猪宰羊，燃放鞭炮，祈求海神娘娘保佑出海一帆风顺，并获得大丰收。

祭祀海神娘娘最隆重的仪式是在每年的农历正月十三进行的，渔民们在这一天祈祷这一年的渔事活动能够平安丰收。从正月十三凌晨起，就有渔民开始燃放鞭炮。早晨，渔民们以家庭为单位，大人小孩三五成群，拿着香纸、贡品（水果、馍馍、酒、五样菜等）到海神娘娘庙烧香、磕头、祭拜、许愿、祈祷。倘若家中有遭遇海难的，额外多烧一些纸。同时，还用红布条系在海神娘娘的塑像上，或者把红布条系在周围的树杈上，以祈求海神娘娘保平安，出海吉利。晚上吃过"上船饺子"，预示一年一帆风顺。供品中必不可缺的是蒸鸡和鲶鱼，取"吉（鸡）庆有余（鱼）快（鲶）发财"之意。

没有娘娘庙的岛，就在村头路边用三块石板搭个小庙，俗称"三块庙"。小庙搭成以后，人们便奉若神明，没有人去毁坏它。一旦被风雨冲倒，行人路过也会把它再搭起来。祭过了海神娘娘，第二天就在一片鞭炮声中扬帆出海了。

长山群岛国际海钓节

长山群岛绿山披蓝衣，阳光明媚，一片灿烂，因纬度较高，这里的夏天并不炎热。长山群岛凭借风平浪静、资源丰富的优势，吸引了全国大量优质钓鱼比赛在此举办。自 2012 年始办，就得到以"四海钓鱼"为首的国内知名钓鱼赛事报道的全程转播。每年 5 ～ 11 月，这里有全国海钓锦标赛小长山岛分站赛、獐子岛"大鱼杯"赛、"尚岛杯"海钓赛……届时，全国钓鱼爱好者在此齐聚一堂，顶着烈日，或乘快艇海上挥杆，或是岸边掘杆奋战。万千钓友在此纵情碧海，鏖战大鱼。

也是从 2012 年开始，"我眼中的海钓客"摄影比赛拉开帷幕，这里又成了摄影师们的集聚地，长枪短炮，用光影记录这挥杆垂纶的"海上高尔夫"。

六 保护区管理

大连市成立了大连长山群岛国家级海洋公园保护与利用协调委员会和专家咨询委员会，统筹协调海洋公园的保护、利用活动。在长海县大长山岛设大连长山群岛国家级海洋公园管理处，下设 4 个科室和大长山岛、小长山岛、广鹿岛 3 个管理站，负责海洋公园的保护和管理。管理处制定了海洋公园保护管理及管理机构内部管理制度、建立突发事件的应急响应机制，并定期或不定期开展巡护、执法检查、公众宣传教育等活动，及时制止和处理破坏海洋公园生态环境和资源等违法违规行为，使海洋公园

生态环境与资源得到了有效保护。

　　大连长山群岛国家级海洋公园累计投资 1.35 亿元实施了 5 个海岛生态修复项目，逐步清理了距岸 2 千米内的海面养殖生产设施；制作了保护区专题片和大型标志牌，配置了相关设备、仪器、交通工具，为保护区的长远发展打下了良好的基础。

大连金石滩国家级海洋公园

DALIAN JINSHITAN GUOJIAJI HAIYANG GONGYUAN

 一 保护区名片

地理位置	位于中国辽东半岛南端的黄海之滨、大连市东北部金普新区。陆地范围西起鲨鱼嘴、东至青云河口，南起十里黄金海岸，北至唐石碇山，东、西、南三面临海
地理坐标	39°02′N ~ 39°08′N，121°57′E ~ 122°04′E
级别	国家级
批建时间	2005 年 8 月
面积	总面积 110 平方千米（陆域面积 58.6 平方千米，海域面积 51.4 平方千米）
保护对象	沙滩资源、独特的海蚀地貌景观
关键词	东北小江南、海水浴场、生态天堂

大连金石滩国家级海洋公园

保护区概况

　　大连金石滩国家级海洋公园位于中国辽东半岛南端的黄海之滨、辽宁省大连市的东北部，海岸线长 30 千米。这里三面环海，由东部半岛、西部半岛及两个半岛之间的开阔腹地和海水浴场组成，属暖温带半湿润气候，四季分明，气候温和，冬无严寒，夏无酷暑，海域不淤不冻，素有"东北小江南"的美誉。

　　金石滩是大连最著名、游客到大连的首选景区之一。1988 年，金石滩经国务院批准为国家重点风景名胜区；2005 年 8 月，经国土资源部组织有关专家评审，大连滨海国家地质公园金石滩园区被批准为第四批国家地质公园；2010 年，金石滩景区又被评为国家 AAAAA 级旅游景区。

　　大连金石滩国家海洋公园分为重点保护区、生态与资源恢复区、适度利用区及预留区，总面积 110 平方千米。其中，海域面积 51.4 平方千米，占海洋公园总面积的

46.7%。重点保护区 12.12 平方千米，生态与资源恢复区 14.94 平方千米，适度利用区 31.54 平方千米，预留区 51.40 平方千米。海洋公园内植被繁茂，动植物种类繁多，自然生态良好。天然海水浴场海水水质清澈，沙滩沙质绵软。海洋公园内具有完整多样的沉积岩，典型发育的沉积构造，丰富多样的生物化石，是我国北方罕见的震旦系、寒武系地质景观。在海洋公园东部海滨绵延 8 千米长的海岸线，浓缩了距今 5 亿～7 亿年的地质史，是一处天然的地质博物园。著名的巨型龟背石，面海而立，色泽鲜艳，块体完整，被誉为"天下奇石"。7 亿～8 亿年前由海洋藻类形成的玫瑰色化石叠层岩和 5 亿年以前由海洋生物霸主三叶虫形成的化石等受到国内外地质界高度评价。大连金石滩国家级海洋公园成为我国进行古海洋生物学、岩石学、构造学、地质学等科学研究的宝贵基地。

 # 功能分区图

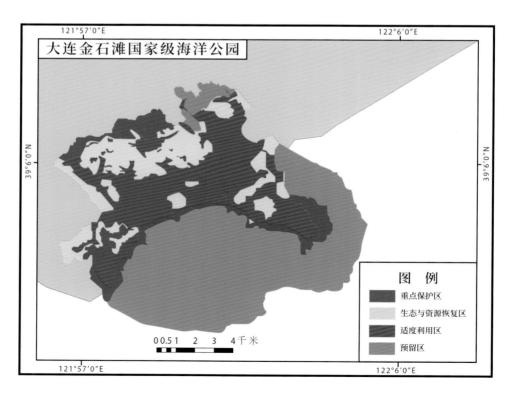

代表性资源

（一）动物资源

白尾海雕

▶ **白尾海雕**

学　名	*Haliaeetus albicilla*
中文别称	白尾雕、黄嘴雕、芝麻雕、尾鹫
分类地位	脊索动物门鸟纲鹰形目鹰科海雕属
自然分布	在我国黑龙江、内蒙古为夏候鸟，甘肃为留鸟，辽宁、河北、北京、山西、宁夏为旅鸟，长江以南为冬候鸟

　　白尾海雕为大型猛禽，体长 76 ～ 100 厘米，翼展长 200 ～ 250 厘米，体重 3.5 ～ 7.5 千克。雌雄鸟体色相似。头、颈和耳羽呈淡黄褐色或沙褐色，具暗褐色羽干纵纹。肩羽呈土褐色，羽缘较浅，并杂有黑褐色斑点。下体颏、喉部淡黄褐色，胸部羽呈矛状，淡褐色。虹膜黄色，眼先丛生黑色刚毛。嘴厚而粗壮，呈黄褐色。尾较短，呈楔状，

纯白色。脚、趾呈黄色,钩爪为黑色。幼鸟的嘴、脚较成鸟色深,尾和体羽呈褐色。在半成年时,它们的尾部才变为白色,且带有黑色条纹。

白尾海雕生活于开阔的草原、沼泽、江河、海滨附近,有时也于山地觅食。喜单独活动。食物主要为鱼类、鸟类和腐肉。有时,它们也会捕食一些中小型的哺乳动物,如鼠类、野兔、狍子等。白尾海雕常营巢于高大树木或海边的悬崖上,也有修补旧巢的习性,有的巢可以使用数十年。巢较大,直径可达 2 米,高可达 1.5 米。

白尾海雕在 4 ~ 5 岁时已性成熟。每年的 4 ~ 6 月为白尾海雕的繁殖期。每窝通常产卵 2 枚,偶尔有 1 枚或 3 枚的情况。卵为白色,光滑无斑或有少许赭色斑。雄鸟和雌鸟均会协助孵蛋的工作,但以雌鸟为主。孵化期 35 ~ 45 天。出壳 35 ~ 45 天后,雏鸟一般就能自行进食。经过约 70 天的巢期生活,雏鸟即具有飞翔能力,能够离巢。

（二）矿物资源

▶ 龟背石

龟背石,也称龟裂石,是一种特殊的成岩结核,其表面存在多边形的同心环及放射状细脉,因类似龟背的花纹而得名,形成于 6 亿年前的震旦纪。它是在富水凝胶沉积物中析出的结核物质经脱水收缩而成的裂隙,尔后再被其他矿物充填而成。煤系地层中常见菱铁矿质的龟背石结核。位于大连金石滩国家级海洋公园的海边有一块举世罕见的龟背石。关于这块奇石的成因,目前地质学界有两种解释:一种认为是 5.4 亿年前后沉积的粉砂岩,在干燥、炎热气候条件下,暴露、干裂,其裂缝又被绿色沉积物充填,形成状如龟背的网格状裂隙;另一种观点认为是岩石在半塑性状态下,由于地震作用产生垂直层面的裂隙,饱含水的泥沙流向裂隙运移,随着震动的加剧,泥沙脉不断生长，使两端岩层弯曲、断裂，在层面上表现为形似干裂的网格状裂隙。20 世纪 70 年代末，美国国家科学院院士、著名生物地质学家普雷斯顿·克劳德慕名探访金石滩。他发现这里的龟背石是当时世界上块体最大（2005 年，在湖南茶陵发现了体积更大的龟背石）、断面结构显露最清晰的，其形成时间可追溯到元古宙震旦纪。后来，他多次在世界地质论坛上说："世界上最大、最美的龟背石在中国大连金石滩。它不仅是中国一绝，也是世界一绝！"

大连金石滩石文化博览园的小块龟背石

大连金石滩国家级海洋公园海边的大块龟背石

（三）旅游资源

▶ **十里黄金海岸**

十里黄金海岸从汇溪湖至金湾大桥东侧绵延 4.5 千米，沙滩宽 80 ～ 100 米，是中国北方最大的、也是唯一的天然海水灯光浴场，也是国家海洋局评定的全国 16 大"健康型"浴场之一。十里黄金海岸沙质细腻，颗粒均匀；海面波平浪稳，没有暗礁潜流，海水清洁质优。辽阔的沙滩可同时容纳 10 万人活动，已连续 9 年成功举办沙滩文化节和连续 10 年成功举办国际冬泳节的主会场。十里黄金海岸还设有 25 米 ×50 米的国际标准泳道海水游泳池、2 000 平方米的大型儿童戏水池。沙滩上可开展的运动项目有沙滩摩托、沙滩排球、沙滩足球等。海上可开展的水上运动项目有游艇、摩托艇、帆板、垂钓，空中运动项目有跳伞、滑翔伞、三角翼等。这里堪称"海上运动的大本营"。

十里黄金海岸

▶ 金石园

　　金石园是金石滩著名的自然奇石地质景观之一，由于园内石头呈金黄色而得名，属于喀斯特地貌。由于地壳以基本一致的速度下降，这里沉积了以碳酸盐为主的海底沉积岩层。再由于一次重要的构造运动——太康运动，地壳整体上升，原海底沉积岩层露出海面，历经数亿年的地质发展变化，形成今天的金石园。金石园不仅再现了数

亿年前大自然气势磅礴的壮丽景观，更为地质界深入了解古地理环境、地质地貌形成的年代、地质变化、地壳运动等提供了科学依据。金石园占地 3 万平方米，其中海石景观区占地 2.4 平方米。游人置身园中，可领略曲径通幽、别有洞天的美景。园内岩石千奇百怪，形态各异，如龟似象，如鹿似犬，宛若凝固的动物世界，被人们称为"海蚀动物园"。

金石园

▶ 鳌滩园岩石壁

鳌滩园岩石壁有为"层颜叠彩"之称，在地质学上称为"萨布哈（意为被盐浸透，指干旱气候下障壁海岸潮上带的盐坪、盐藻和盐碱滩）景观"。这里不同年代的岩层层次分明，极富色彩变化。这里金色的岩石就像一条金色的丝带，与之相间的红色岩石就宛如一块块红色的宝石，红、黄两色岩层相得益彰。

"层颜叠彩"

▶ 玫瑰园

　　玫瑰园主要由叠层石组成。玫瑰园叠层石成岩在距今 5.7 亿～ 8 亿年的震旦纪，它们形态特殊，极具观赏价值和研究价值。站在玫瑰园的观景平台，岩石群景色便尽收眼底。从颜色上看，大多数是有玫瑰色，还有黑灰色、黄色、白色、绿色和紫色；从形状上看，有尖棱状的，有圆盘状的，有瓦片状的……各种形状层层叠叠地压在了一起。沿台阶而下，便可亲见玫瑰园遍布在海滩上由很小的古海藻化石沉积而成的叠层石。它们从颜色上看为玫瑰色，从形状看像一朵朵盛开的玫瑰，玫瑰园也由此得名。

玫瑰园叠层石

五 历史人文

（一）民间传说

 金石滩的传说

　　相传很久以前，金石滩是一个荒无人烟的半岛。直到有一天，女娲娘娘补天时不小心将一枚色彩斑斓、晶莹剔透的五彩石掉落在人间。五彩石掉到了今金石滩一带，立刻为这里带来了福气——从此这里天清气暖，水静浪平，鱼虾丰盛……美丽的半岛像一颗璀璨的明珠，从此熠熠生辉。女娲娘娘十分高兴。于是，她捏了两个小泥人放在半岛上，并教会他们打鱼、耕种。小泥人男渔女织，互敬互爱，无声无息地繁衍着，并将这个半岛取名为"凉水湾"。据说，金石滩的石头会说话，金石滩的石头有灵性，五彩斑斓的奇石述说着一个个神奇而美丽的故事。这里的石头比金子还贵，所以改叫金石滩。

金石滩

恐龙探海

▶ "恐龙探海"

　　"恐龙探海"是恐龙园的主题景观。"恐龙探海"是拱形的奇石景观。从地貌形态上看,它属于海蚀拱桥。海蚀拱桥常见于海岸岬角处,岬角两侧的基岩部分,因长期受到海水剥蚀作用不断扩大、加深,穿透形成了拱桥地形。传说金石滩是一条巨龙,而"恐龙探海"正处在龙头的位置。"恐龙"颈高40余米,颈下涨潮的时候可以行舟,退潮的时候可以漫步。涨潮时又称"恐龙探海",好像把头探进海里一样;退潮时又称"恐龙吞海",好像把海水都喝光了一样。传说,"恐龙探海"下面隐藏有一个淡水泉眼,与天上银河相连,饮其水可以延年益寿,谓之"金石龙眼"。此"龙眼"经常隐于海水之中,凡人很难看到。

（二）风土人情

▶ 北部山区生态游览

　　北部山区生态游览主要依托葡萄沟农业生态区、乡村风情休闲区和体育休闲文化展示区 3 个区，保持和发扬原有的地方特色，为游人提供一处亲近自然、获取有益知识的"生态天堂"。

北部山区

▶ 大连国际沙滩文化节

大连国际沙滩文化节，由大连市人民政府主办，金州新区管委会、大连市旅游局、金石滩国家旅游度假区管委会承办，自 2004 年起每年举办一届，是最能体现大连夏季"3S"［即阳光（sun）、大海（sea）、沙滩（sand）］特点、独具海滨文化特色的国际性旅游节庆活动。大连国际沙滩文化节充分挖掘了美丽滨城大连丰富的海岸旅游资源，全面展示了大连作为"浪漫之都"的迷人风采，进一步提升金石滩、金普新区及大连的美誉度，打造东北地区乃至东北亚旅游时尚、浪漫、激情及智慧的风向标。

▶ 中国大连国际冬泳节

中国大连国际冬泳节由大连市人民政府、国家体育总局旅游管理中心主办，始创于 2002 年。计划一年一届。历届有来自俄罗斯、加拿大、日本、韩国、乌克兰等 16 个国家，以及海峡两岸暨香港、澳门 40 多个城市的代表队参加。冬泳比赛的参赛选手涵盖老、中、青各个年龄段，有工人、学生、教师、公务员等社会各界人士，充分体现了冬泳作为群众性体育活动的特点。比赛除设团体总分奖外，还设立了趣味性很强的表演项目，如 70 岁以上老人随意游、夫妻结伴游、冬泳大家游等。比赛过程中，运动员们挥臂破浪，英勇向前；观众们振臂挥拳，激情呐喊，现场成为欢乐的海洋。除冬泳比赛外，冬泳节还设置了多项文体结合的趣味项目，如冬泳爱好者书画摄影作品展、冬泳科研研讨会、冬泳爱好者文艺表演赛等。

 保护区管理

　　大连市政府一直致力于把金石滩滨海风景名胜区打造成大连市的国际生态品牌，将大连旅游与海洋生态旅游有机结合，不断壮大该市旅游业。大连金石滩国家级海洋公园的建设是大连海洋生态旅游发展必然结果。

　　为使独特的地质地貌资源得到切实保护，并在保护中得到高效的开发利用，大连市近年来积极开展海洋生态特别保护区的选划、申报等工作。根据国家海洋局下发《关于选划申报海洋公园有关事项的通知》，大连市于2013年3月正式启动大连金石滩国家海洋公园选划论证工作，得到了国家海洋局的肯定和大力支持。2013年6月，《大连金石滩国家级海洋公园选划论证报告》和《建立海洋特别保护区申报书》初稿编制完成。

大连星海湾国家级海洋公园
DALIAN XINGHAIWAN GUOJIAJI HAIYANG GONGYUAN

 保护区名片

地理位置	大连市中心区南端
地理坐标	38°50′N ～ 38°53′N，121°32′E ～ 121°37′E
级别	国家级
批建时间	2016 年 8 月
面积	总面积 25.40 平方千米（陆岛面积 2.19 平方千米，海域面积 23.21 平方千米）
保护对象	地质地貌景观、沙滩、海岸、海岛及生物资源
关键词	北方海滨度假地、海蚀地貌、大连星海公园

二 保护区概况

　　大连星海湾国家级海洋公园由山、海、滩、岛、礁组成，是一个天然地质博物馆。海洋公园内有多种奇特的海蚀地貌，形成一系列天然神力雕塑的海蚀景观。这些海蚀景观不仅具有一定的科学文化价值，而且景观独特，有很高的观赏价值。优质海水浴场、休闲运动场、特色主题园等，为海洋公园增添了观光、避暑、度假和休闲的丰富内容。

大连星海湾国家级海洋公园夜景

三 功能分区图

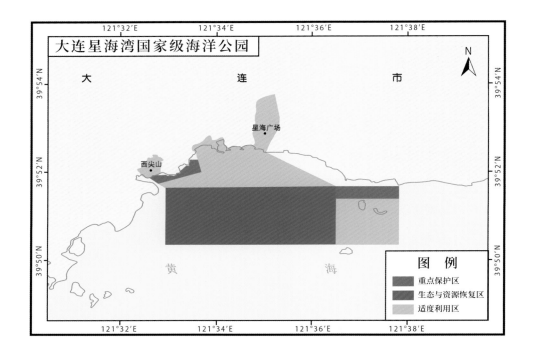

四 代表性资源

（一）动物资源

东亚江豚

▶ 东亚江豚

学　　名	*Neophocaena sunameri/Neophocaena asiaeorientalis sunameri*
中文别称	砂明利江豚、海江豚、海水江豚、窄脊江豚东亚亚种、江豚东亚亚种
分类地位	脊索动物门哺乳纲鲸偶蹄目鼠海豚科江豚属
自然分布	在我国分布于台湾海峡的沿岸海域、东海北部、黄海和渤海

东亚江豚体长 150 ～ 190 厘米。头部较短，近似圆形，额部稍微向前凸出，吻部短而阔，上、下颌几乎一样长，牙齿短小。没有背鳍，背脊具有很多角质鳞。总体灰白色，背面和侧面呈蓝色，腹部较苍白，有一些形状不规则的灰色斑。生活在淡水和咸水栖息地。喜欢生活在有岩石和强大潮流之地。

东亚江豚喜欢单只或成对活动，结成群体一般不超过 5 只，但也有 7 ～ 8 只在一起的记录。性情活泼。作侧游时，尾鳍的一叶露出水面，左右摇摆。受到惊吓后，便急速游动，然后一次或连续数次使身体腾空，大部分露出水面，仅尾叶在水中向前滑行。偶尔全部身体都跃出水面，高度达到 0.5 米。直立游动时，身体的 2/3 都露出水面，与水面保持垂直的姿势，能够持续数秒钟。

东亚江豚对水温的适应范围很广，从 4℃～ 20℃均能够正常地生活。

东亚江豚寿命 23 年左右，在 2 岁前达到性成熟。生殖周期因地理环境而异。繁殖周期为 12 年，妊娠持续 10 ～ 11 个月。幼仔通常出生在 2 ～ 8 月之间，每胎一仔。新生东亚江豚体重大约 25 千克，在 9 月至次年 6 月间断奶。

皱纹盘鲍

▶ **皱纹盘鲍**

学　名	*Haliotis discus hannai*
中文别称	紫鲍、盘大鲍
分类地位	软体动物门腹足纲原始腹足目鲍科鲍属
自然分布	在我国分布于北部沿海，其中辽宁、山东沿海数量较多

皱纹盘鲍壳大，背面观呈长椭圆形。壳厚坚实，壳表面深绿色或深褐色。螺层 3 层，缝合线浅。壳顶位于偏后方。从第二层到体螺层的边缘有 1 列高的突起和孔，孔一般 3 ~ 5 个。有粗糙且不规则的皱纹。生长线明显，沿着孔列左下侧面有 1 条螺沟。壳内面为银白色，有珍珠光泽。

栖息于低潮线附近至水深 15 米的岩石环境。皱纹盘鲍适宜生活的水温为 3℃ ~ 28℃，最适生长水温为 15℃ ~ 24℃ 之间，水体盐度在 30 以上。其生长缓慢。喜昼伏夜出，夜间外出觅食，天明前返回穴中。成鲍主要摄食褐藻，如海带、裙带菜、羊栖菜等；也摄食一些底栖小型动物，如球房虫、水螅虫等。其摄食方式主要是利用齿舌刮取食物。

皱纹盘鲍雌雄异体，黄渤海的皱纹盘鲍在 3 龄开始性腺成熟。7 ~ 8 月为产卵期间。

皱纹盘鲍壳

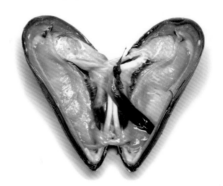

▶ 紫贻贝

学　　名	*Mytilus edulis*
中文别称	海虹
分类地位	软体动物门双壳纲贻贝目
	贻贝科贻贝属
自然分布	在我国分布于黄海、渤海

紫贻贝

　　紫贻贝是双壳类软体动物，外壳呈青黑褐色，壳内面灰白色而边缘为蓝色。铰合部较长。

　　紫贻贝有两个闭壳肌，前闭壳肌小，后闭壳肌较大，属于异柱类。韧带生在身体后背缘两个贝壳相连的都分。韧带深褐色，约与铰合部等长。铰合齿不发达。外套痕及闭壳肌痕明显。外套膜为二孔型。

　　紫贻贝闭壳时，常常留有缝隙，缝隙是足丝伸出的地方。紫贻贝是用足丝固着在海底岩石或其他物体上生活的。栖息于低潮线附近至水深约 10 米的浅海。

　　紫贻贝主要以硅藻和有机碎屑为食，也吃一些原生动物。雌雄异体。我国黄海、渤海分布的紫贻贝产卵期大致是 4～5 月和 10～11 月。产卵时的水温在 12℃～16℃。精子和卵都直接排在海水里。卵很小，直径 70 微米左右。每个母体产卵可达 1 200 万粒。卵在海水中遇到精子即受精发育。经过担轮幼虫和面盘幼虫时期，3～4 周便沉至海底用足爬行，以后分泌足丝附着在外物上，变态成小紫贻贝，过固着的生活。

（二）旅游资源

▶ 滨海奇石景观

  星海湾的海岸线曲折多变，约十几亿年前形成的岩溶景观——黑石礁遍布于其岬湾之中。黑色的岩体层层叠叠如凝固的海浪，一座座石嶂千姿百态，涨潮时，在水面或隐或现，神秘莫测；枯潮时，兀立于滩面，蔚为壮观。人们或在此游泳，或荡舟在海上礁林畔，或蹲在岩礁上悠然垂钓，都别有雅趣逸致。

黑石礁

大连星海广场

▶ 大连星海广场

大连星海广场于 1997 年建成，设计构思以"喜迎香港百年回，中华民族大团结"为主题，是目前大连最大的城市公共设施之一，也是市民休闲娱乐的绝佳场所和对外宣传的重要窗口之一。大连星海广场占地面积近 100 万平方米，是迄今为止亚洲最大的城市广场。贯穿广场纵轴线的是一条 1 000 米长的中央水景大道，由 50 组彩色灯光音乐喷泉和双排花岗岩步道组成，步道面积为 10 800 平方米。中央大道两侧每相间 20 米设立一支航标造型的石柱灯，共计 72 支。广场四周绿地里分布 20 个音响。每年 4 月末至 10 月末，每天分 5 个时间段启动喷泉，并播放音乐。

星海湾海水浴场

▶ 星海湾海水浴场

　　星海湾海水浴场东临星海湾广场百年城雕，西连圣亚海洋世界及星海湾游艇港。海滩东西全长 1.5 千米，海域和沙滩面积 16 万平方米。海水泳池、沙滩排球、游艇、帆板以及造型各异的遮阳设施，使这里形成了中国北方最佳海滨度假胜地。星海湾海水浴场有蔚蓝的天空、湛蓝的大海、金色的沙滩、碧绿的草地及点缀其中的小木屋勾勒出一幅浪漫、清爽的图景。置身其中，可以亲身体会以阳光（sun）、沙滩（sand）、大海（sea）为主题的"3S"海滩文化，尽享"浪漫之城"大连的独特魅力。

▶ 东、西大连岛

　　东大连岛因岛形似褡裢而得名"褡裢岛"，后因谐音和方位而得现名。该岛为无居民海岛，岛体呈西北—东南走向，长 400 米，宽 110 米，面积 0.042 平方千米，海拔 29.1 米。地层属元古界震旦系，断裂构造发育。岛四周三面悬崖一面海滩，有植被

覆盖，是星海湾海上景点之一。西大连岛面积0.059 5平方千米，海岛最高海拔超过87.7米。岛呈馒头状，四周是断崖，崖上有南北相通的洞，沿岸多礁石。地层属元古界震旦系，有石灰岩岩层。岛上无居民，有茂盛的灌木、杂草，是星海湾海上景点之一。

▶ 大连星海公园

大连星海公园位于大连市南部星海湾景区的中段，是大连市历史最悠久的市内最大的海滨公园，是集观海、避暑、海水浴于一体的综合性大型海滨公园，现分为游览区、休息区、儿童游乐园、海水浴场4部分。其中，海水浴场与星海湾海水浴场相连。陆地公园林木葱茏、花卉争艳，楼台亭阁，掩映其间。公园西南有一小山，山上有一几十米深的钻海洞。洞里有石阶，直通海边。站在洞口处向外望去，眼前豁然开朗，大海顿现面前，浪花突临足下，十分有趣。

大连星海公园

▶ 大连星海湾国际游艇俱乐部

大连星海湾国际游艇俱乐部

大连星海湾国际游艇俱乐部地处星海湾金融商务区西部，凭借优良的港口环境，人性化的服务和创新精神，致力于将俱乐部打造成一个以游艇靠泊为主、各种相关产业并存的大型国际游艇集团。俱乐部已通过 ISO 9001：2008 质量管理体系认证，建有 396 延长米的 3 个重力式码头、138 个国际标准浮动游艇泊位，停泊有产自中国、美国、意大利、法国、西班牙等国家的游艇、钓鱼艇、帆船百余艘，停泊游艇的数量和档次均在国内名列前茅。大连星海湾国际游艇俱乐部不仅是大连市南部海域海上观光游览、休闲旅游、垂钓运动的游艇基地，也是我国北方地区规模最大、设施最全的游艇俱乐部之一。

▶ 大连圣亚海洋世界

大连圣亚海洋世界是中国最浪漫的海洋主题乐园之一，位于星海公园内，面朝大海，从星海公园浴场及星海湾浴场信步可至。它共有五大场馆——圣亚海洋世界、圣亚极地世界、圣亚深海传奇、圣亚珊瑚世界、圣亚恐龙传奇，占地面积 5 万多平方米，是集海洋极地环境模拟、海洋动物展示表演及购物、娱乐、休闲于一体的综合性旅游项目。大连圣亚海洋世界多年来载誉无数，先后获评"亚洲大中华区最负盛名旅游景区""国家级科普教育基地""国家首批 AAAA 级旅游景区（点）""中国驰名商标""国家文化产业示范基地"等。

百年城雕局部（一）

▶ 百年城雕

百年城雕是 1999 年为纪念大连建市百年在星海广场南部海滨建起一座巨型城雕。它占地 5 000 平方米，长 100 米，宽 50 米，形同打开的一本大书平铺在海岸边。有各界人士足迹的青铜浮雕由北向南铺开，同城雕主体相接后，又伸向两个孩童组成的雕塑前。两个孩童面向宽阔无边的大海，手指无际的远方。整个城雕设计新颖，匠心独

百年城雕局部（二）

运，寓意深远，令欣赏者驻足遐想回味无穷。整个设计打破了常规的立式雕塑手法，将卧式雕塑平放于海岸边。百年城雕为滨城大连又增添了一处景观——"城雕赏月"。在宁静的夜晚，淡淡的月色涌动在海湾的波光纷纷之中，巨卷轻展，沐浴着岁月沧桑。灯光闪烁，星移斗转，你一定会读懂海滨之城大连的世纪画卷。浮雕的足迹，在淡淡月光和沙沙作响的微风中，仿佛有人从逝去的时光中挽月走来，又走向遥远的明天。两个天真的儿童，寄托着滨城的希冀，指点大海，仰望皓月，期待着更为美好的未来。

五 保护区管理

（一）管理机构设置

大连星海湾国家级海洋公园管理处统一负责大连星海湾国家级海洋公园保护、利

用和管理工作。管理处配备一定的管理技术人员，具体负责海洋公园的日常管理工作。海洋公园管理处在业务上接受大连市自然资源局和自然资源部的指导。

（二）管理机构职责

大连星海湾国家级海洋公园管理处贯彻执行国家法律法规和地方相关政策、规划，加强对海洋公园内海洋资源和海洋环境的保护管理，组织并进行相关的科学研究，开展对海洋生态环境保护的宣传和科普教育。具体职责包括：贯彻落实国家海洋公园、海洋生态保护和资源开发的法律法规与方针政策，制定海洋公园管理制度章程，制定海洋公园总体规划与工作计划，组织建设海洋公园基础管护、监测、科研设施，组织开展海洋公园内的日常巡护管理，组织落实海洋公园内的生态保护和恢复措施，组织开展海洋公园资源可持续利用开发活动，统筹、协调海洋公园内保护、开发等各项活动，开展海洋公园的监测、监视、评价、科学研究活动，组织开展海洋公园内宣传、教育、培训及国际合作交流等活动，建立海洋公园资源环境及管理信息档案。

（三）管理制度

为建设管理好大连星海湾国家级海洋公园，管理处制定了一系列管理制度。这些制度包括《大连星海湾国家级海洋公园管理办法》《大连星海湾国家级海洋公园开发建设管理制度》《大连星海湾国家级海洋公园生态旅游活动管理制度》《大连星海湾国家级海洋公园科学考察管理制度》等。

（四）人员编制

管理处下设办公室、管护科、监测科和科教科 4 个管理职能部门，共配备 12 个工作人员，从事生态资源保护、科研监测、科普教育、可持续发展、行政等事务管理工作，运行经费由地方财政和相关利益部门解。

大连仙浴湾国家级海洋公园

DALIAN XIANYUWAN GUOJIAJI HAIYANG GONGYUAN

仙浴湾

 保护区名片

地理位置	位于辽东半岛西南侧、瓦房店市西部滨海区仙峪湾镇
地理坐标	39°39′N ～ 39°43′N，121°26′E ～ 121°34′E
级别	国家级
批建时间	2016 年 8 月
面积	总面积 44.05 平方千米（陆域面积 8.60 平方千米，海域面积 35.45 平方千米）
保护对象	湿地、海岛、沙滩和周围海域的生态系统及生物多样性
关键词	避暑胜地、自然生态区、隋朝石城
资源数据	200 多种野生动物在这里栖息，其中 20 多种被列为国家二级重点保护野生动物

保护区概况

　　大连仙浴湾国家级海洋公园位于辽东半岛西南侧、瓦房店市西部滨海区仙浴湾镇。整个保护区包含仙浴湾风景名胜区的所有景区及景点。其中，自然风景有仙浴湾天然海水浴场、有"海上明珠"之称的情人岛和保存完好的湿地。古迹有国内保存较为完整的隋朝羊官堡石城、辽南最大的十八罗汉庙——观海寺、药王洞、仙人洞、烽火台等。

　　这里集农家风味和现代文明于一身，有国家 AAA 级旅游度假区。海景、山色气象万千，石城、新寺相映生辉，是人们海浴游憩、旅游观光、度假休闲的理想去处。大连仙浴湾是景点分布比较集中、涵盖内容丰富、特色独具的国家级海洋公园。

功能分区图

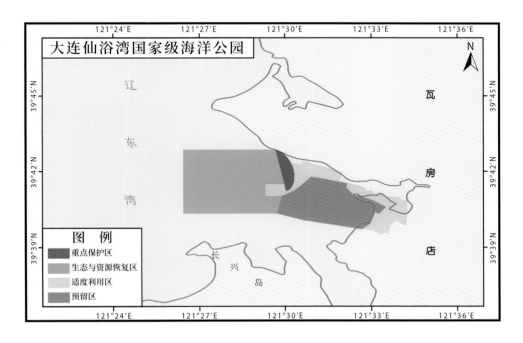

 四 生态环境

大连仙浴湾国家级海洋公园是由海岛、沙滩和湿地组成的自然生态区。地貌属于长白山山系千山山脉向辽宁南部海滨延伸的低山丘陵地带。地处暖湿带亚湿润气候区，一年之中旅游期可达 200 天。属于华北植物区系，其上部区域的森林覆盖率超过 50%，针叶林、阔叶林混交错落；下部区域多滨海沙生植物、沼泽湿地植物，是辽宁南部典型的湿地分布区之一。这里自然景观与人文景观相得益彰、相映成趣，构成山、海、林、果一体的综合海滨景观区。

大连仙浴湾国家级海洋公园是野生动物的天堂，200 多种野生动物在这里栖息，其中 20 多种被列为国家二级重点保护野生动物，聚集了天鹅、苍鹰、红隼、白鹭、绿头鸭、豆雁、金雕、鸢等飞禽。

 五 代表性资源

（一）动物资源

▶ **大天鹅**

学　　名	*Cygnus cygnus*
中文别称	白鹅、喇叭天鹅、咳声天鹅、黄嘴天鹅
分类地位	脊索动物门鸟纲雁形目鸭科天鹅属
自然分布	在我国繁殖于东北、华北地区，越冬于华中及东南沿海

大天鹅

大天鹅遍体雪白；嘴基两侧黄斑沿嘴缘向前伸于鼻孔之下；颈修长，在水面上经常直伸。成鸟（繁殖羽）雌雄同色，雌略小于雄；全身洁白，仅头稍沾棕黄色。虹膜暗褐色；嘴黑，上嘴基部两侧的黄斑前伸至鼻孔之下；跗蹠、蹼、爪均黑色。

大天鹅常栖居于多蒲苇的大型湖泊及食料较丰富的池塘、水库中。一般成对活动，雏鸟孵出后一直跟随亲鸟，直到迁往越冬地。南迁时，经常组成6~20余只小群，队列呈"一"字形或"人"字形。鸣声响亮。在南方，它们常和小天鹅混群，但无论是在取食或休息时都保持着成对的现象。在越冬地区，大天鹅虽不是优势种，但在洞庭湖、鄱阳湖一带以及长江中的沙洲上到处可见。

大天鹅的食物主要有水生植物的种子、茎、叶和杂草种子，也兼食少量的软体动物、水生昆虫、蚯蚓等。大天鹅的嘴强大，掘食能力强，能挖食埋藏在淤泥下0.5米左右的食物。

大天鹅保持着一种稀有的"终身伴侣制"，在南方越冬时不论是取食或休息都成双成对。4龄时性成熟。通常在到达繁殖地后不久即开始营巢，时间多在4月末至5月初。繁殖期5~6月。营巢在大的湖泊、水塘等水域岸边干燥地上或水边浅水处大量堆集的干芦苇上。巢呈圆帽状，底部直径1米左右，巢高0.6~0.8米。雌鸟独自营巢。每窝产卵4~7枚，通常4~5枚。产卵时间多在5月初至5月中旬。卵为白色或微具黄灰色，重330克左右。孵卵由雌鸟单独承担，雄鸟在巢附近警戒。孵化期31~40天。

疣鼻天鹅

▶ **疣鼻天鹅**

学　　名	*Cygnus olor*
中文别称	瘤鼻天鹅、哑音天鹅、赤嘴天鹅、瘤鹄、亮天鹅、丹鹄
分类地位	脊索动物门鸟纲雁形目鸭科天鹅属
自然分布	在我国繁殖于新疆中部、北部，青海柴达木盆地，甘肃西北部弱水，内蒙古乌梁素海；迁徙经东北、山东、河北；越冬在长江中下游一带；见于台湾为迷鸟

　　疣鼻天鹅体形和羽色与大天鹅相似。嘴赤红，前额具黑色疣突。

　　雄性成鸟（繁殖羽）遍体雪白，头顶至枕略沾淡棕色。眼先裸露，呈黑色。雌鸟成鸟羽色与雄鸟成鸟相同，体形较小，前额的疣突不显著。虹膜棕褐色；嘴大部分为红色，嘴基、嘴缘黑色，嘴前端近肉桂色，嘴甲褐色；跗跖、蹼、爪均黑色。雏鸟头灰，略沾淡棕色；上体和两胁淡棕褐色；下体银灰色。虹膜蓝褐色；嘴石板灰色，前端常有一白点；跗跖深灰色。幼鸟头、颈淡棕灰色，前额和眼先呈裸露的黑色，但不具疣突；飞羽灰白；尾淡棕灰色，尾端污白；下体较淡，呈浅棕灰色。虹膜褐色，嘴红灰色，跗跖绿褐色。

▶ 苍鹰

学　名	*Accipiter gentilis*
中文别称	牙鹰、黄鹰、鹞鹰、元鹰
分类地位	脊索动物门鸟纲鹰形目鹰科鹰属
自然分布	在我国见于温带森林及寒带森林

苍鹰

　　苍鹰是一种中小型猛，主要生活在北半球的寒带及温带森林中。雌鸟普遍大于雄鸟。体长可达 60 厘米，翼展约 1.3 米。一般在头部和枕会有黑褐色，枕部有白羽尖；背部为棕黑色；胸部灰、褐、白纵横密布；尾部方形灰褐色，有四条宽阔黑色横斑纹。食肉，主要以森林中的鼠类、野鸡、野兔、鸠鸽和其他小型鸟类为食。主要栖息于各种海拔高度的针叶林、阔叶林等森林地带，也偶见于丘陵地带的小片森林中。苍鹰视觉敏锐，善于飞翔。通常在白天活动。本性机警，善于隐藏。大多单独活动，叫声尖锐洪亮。

　　在我国，苍鹰 4 月下旬迁到东北地区。产卵期一般在 4 月末至 5 月中旬。每窝卵数 3 ~ 4 枚。卵椭圆形，蛋青色，具淡赤褐色斑。孵化由雌鸟担任。孵化期 30 ~ 33 天。

红隼

▶ 红隼

学　名	*Falco tinnunculus*
中文别称	茶隼、红鹰、黄鹰、红鹞子
分类地位	脊索动物门鸟纲隼形目隼科隼属
自然分布	在我国广泛分布

红隼是隼形目中一种小型的猛禽。体长一般在 30 厘米左右。尾羽较长，翅膀尖而狭长。雄鸟头蓝灰色，背和翅上覆羽砖红色，具三角形黑斑；腰、尾上覆羽和尾羽蓝灰色，尾具宽阔的黑色次端斑和白色端斑，眼下有一条垂直向下的黑色口角髭纹。下体颏、喉乳白色或棕白色，其余下体乳黄色或棕黄色，具黑褐色纵纹和斑点。雌鸟上体从头至尾棕红色，具黑褐色纵纹和横斑；下体乳黄色，除喉外均被黑褐色纵纹和斑点，具黑色眼下纵纹。脚、趾黄色，爪黑色。呈现两性色型差异，雄鸟的颜色更鲜艳。

红隼飞行较高，猎食时有翱翔的习性，经常盘旋搜索老鼠、鸟雀、蜥蜴、松鼠等小型脊椎动物，也以蟋蟀、蝗虫等昆虫为食。平时喜欢单独活动，以傍晚最为活跃，视觉敏锐，常观察猎物后迅速捕食。

（二）旅游资源

▶ 情人岛

情人岛是仙浴湾旅游度假区的重要景点，游客通过岸边长达 820 米的吊桥可以徒步上岛。情人岛与海水浴场相距 1 千米，是仙浴湾的重要组成部分。情人岛原名叫耗坨，是仙浴湾西部海域中一个美丽的小岛。遥望该岛就像一只耗子卧在海面上，故得名"耗坨"。仙浴湾的故事流传开后，人们又叫它情人岛或浴美人岛。情人岛距海岸 2 千米，面积 52 800 平方米，海拔高度 23.72 米。情人岛上有一座钢筋石膏制作的白色雕塑，是一对相亲相依的情侣，十分醒目。

情侣雕像

情人岛四周礁石耸立，海水清澈见底，浪花飞溅，奇礁怪石形态各异，水洞旱穴曲径通幽，峭壁险峻。岛上奇花异草，海鸟盘旋。当退潮后，人们可以在此尽情享受赶海拾贝的乐趣。

▶ 仙浴湾天然浴场

仙浴湾天然浴场沙滩平坦，海面波平浪稳，没有暗礁潜流，海水清洁度已经达到国家一级标准，是集海浴、沙浴、旅游、度假为一体的游乐胜地。

仙浴湾天然浴场

辽阔的沙滩可同时容纳 20 万人进行各类活动。这里海上可开展的水上运动项目有游艇、摩托艇、帆板、垂钓，空中运动项目有跳伞、滑翔伞、三角翼等，堪称"海上运动的大本营"，为仙浴湾增添了浪漫和迷人的气息。

六 历史人文

（一）名胜古迹

 羊官堡石城

　　羊官堡石城位于瓦房店市仙浴镇羊官堡村。据《明史》和民国《复县志略》的记载，石城的城墙都是由石块垒砌的，南北长 260 米，东北长 160 米，城内面积 41 600 平方米。根据史料记载及羊官堡居民祖祖辈辈流传的描述中，我们将石城的面貌大致还原。石城有南、北两个拱门，北门上的石匾刻着"羊官堡"三个字。城墙约两丈高，四角

羊官堡石城

有炮台，东墙上有一座古塔，北门西侧设有一座水牢，南门上的石匾刻着"镇夷"二字。南门东侧有一座真武庙。庙院内有石碑、大钟和两排高大的片松，庙西侧还有一株古老的金丝槐。石城外东西南三个方向各筑烽火台一座。城东南处，曾出土石柱、浮雕花纹砖、布纹板瓦和筒瓦，证明石城当时已有相当的规模。

据史料记载，石城是隋朝时期建筑。据田野调查得知，石城东城的墙上曾应镶过一块石匾，上书"尉迟敬德监工重修"的字样。可见，石城在唐初被重修过。现认为石城的最后一次重修应该是在明嘉靖四十二年（1563）。还有记载表明，明代大将周遇吉曾驻守此城。后金天命六年（1621）十月，努尔哈赤率领八旗兵攻入复州城，遂克栾固堡、羊官堡、五十寨堡、归化堡，明军大败。中华人民共和国成立后，直到1990年还有中国人民解放军的官兵驻扎于此。可以想象，羊官堡石城作为一个海防重地，在历史上曾有过怎样的繁荣景象。但如今的羊官堡石城，南、北拱门已经塌落，石匾丢失，古塔、庙宇被拆，四周城墙残缺不全。原来15米高的城墙，现在只残余6～8米，宽3.4～4米。保留最完整的东城墙，有的部分也塌落了。不过，尽管已是残墙断壁，羊官堡仍然是大连乃至辽南地区保留最为完整的古石城。

▶ 观海寺

观海寺原名永丰寺，亦称西永丰寺，人称为罗汉庙。寺院初建的时间不详，仅能知晓初建于明朝万历年间（1573～1620）。根据碑文的记载，清道光二十一年（1841），该寺由住持僧沙义老和尚募捐重建，并更名为西永丰寺。时光更迭变迁，古刹历尽沧桑变化。到1951年，寺院原有的建筑已被拆除殆尽。1993年6月，在其旧址重修寺院，时任中国佛教协会会长的赵朴初先生为之题名"观海寺"。观海寺占地1.2万平方米，寺高四丈，轩昂凌空，殿广六楹，气势雄伟，釉瓦翼檐，金碧辉煌，大雄宝殿供本佛如来佛主，主佛药师佛与接引佛，配祀大迦叶、阿傩陀二尊者，西厢

观海寺

记十八罗汉，规模之大，辽南罕见。有诗曰："旷古白沙洲，水清沙亦柔。浴湾开仙境，遥旅觅神游。寺鸟双壁合，海天一眼收。晨钟惊倦客，暮霭伴归舟。"

（二）民间传说

▶ 仙浴湾与情人岛的传说

相传在很早以前，仙浴湾并不像现在这样美丽、令人趋之若鹜，而是一片令人避之唯恐不及的海滩。奇形怪状的礁石张牙舞爪地伸出海面，像是用这种姿态恐吓天地间的一切生灵。海水也散发着一阵阵令人作呕的恶臭。

有一年农历九月九日清晨，这片从未给人们带去幸福的海域，正呈现着令人难以理解的一幕。海面上云雾升腾，紫气缭绕，一切都变得缥缈了起来。在这里世世代代生活的人们从未见过如此壮美的景色，仿佛这里一瞬之间就从地狱变成了仙境。岸边玩耍的童男童女大叫了起来："快看啊，仙女下凡了！在那里洗澡呢！"大人们十分惊喜，也伸长了脖子想看看这奇异的景象。大约又过了半个时辰，岸边的人们只看到那被浓雾笼罩的山峰闪耀着璀璨的光芒渐渐向天边飘远……当人们目送着仙女归回天宫之后，却突然发现这一处海湾一改往日的景象：奇礁怪石早已无影无踪，海滩弯如一道新月；海滩上布满了金灿灿的黄沙，细腻得就像婴儿肌肤的触感；海水清澈见底，波光粼粼；海鸥在空中盘旋，鱼儿自在地在海中游曳。在那个仙女曾洗浴过的大海中央，竟然出现了一座美丽的小岛。

仙女在此入浴的故事流传开了，人们便把仙女们洗浴的地方称作"仙浴湾"。有人说，曾在这里入浴的仙女共有9位，因为这天是九月九日重阳节，正好应验了这"9"的字数。又有人说，半月形的金色海滩是仙女遗下的一条飘带，它也正好有9 000尺（3 000米）长。还有人讲，9位仙女中，只有1位是真正的仙女，另8位则是她的侍女。那海中小岛便是为了方便仙女出浴后晒太阳和更衣留下来的。这个小岛与一个大岛相连，小岛为仙女所用，大岛为8位侍女所用。而总面积正好是81亩（54 000平方米），正代表了8位侍女、1位仙女的寓意。后来经人们测明，小岛距海滩约有8 100尺（2 700米），就更加认定了这种说法。

在这个小岛上，除了栖息的鸟儿之外，就只有一些鼠类，没有蛇类等能伤害人的动物。人们猜测，一定是因为故事发生在鼠年，所以岛上有鼠；也因为是仙女留足的地方，所以才不会有伤害人的动物。

若仔细观察这座小岛就会发现，它就像一位美丽的仙女静静地卧在那里，好像在永远等待着情人的到来，所以人们也把仙女们驻足留下的小岛称作"情人岛"。千百年来，在这里落日余晖的映衬下，不知道有多少有情人聚集在此，对着大海诉说着彼此对爱情的誓言。

 # 七 保护区管理

（一）管理机构设置

大连仙浴湾国家级海洋公园投入使用后，设置了大连仙浴湾国家级海洋公园管理机构，下设5个职能科室。该机构为处级事业单位，挂靠在大连仙浴湾省级旅游度假区管理委员会，在业务上接受大连市海洋与渔业局指导。

（二）管理机构职责

（1）贯彻落实国家及地方有关海洋生态保护和资源开发利用的法律法规与方针政策，制订实施海洋公园管理制度。

（2）制订实施海洋公园总体规划和年度工作计划，并采取有针对性的管理措施。

（3）组织建设海洋公园管护、监测、科研、旅游及宣传教育设施，组织开展海洋公园日常巡护管理，组织制订海洋公园生态补偿方案、生态保护与恢复规划、计划，实施生态补偿、生态保护和恢复措施，组织实施和协调海洋公园保护、利用和权益维护等各项活动，组织管理海洋公园内的生态旅游活动，组织开展海洋公园监测、监视、评价、科学研究活动，组织开展海洋公园宣传、教育、培训及国际化合作交流等活动。

（4）建立海洋公园资源环境及管理信息档案。

（5）发布海洋公园相关信息。

（6）其他应当由海洋公园管理机构履行的职责。

（三）资金来源

大连仙浴湾国家级海洋公园的海洋生态保护与生态旅游项目资金需求量较大，所需资金采取多途径筹集。基本建设投资 1 200 万元，主要用于基础设施建设与配套。其中，基本建设投资由国家、辽宁省、大连市财政及大连仙浴湾国家级海洋公园自筹解决，事业费列入本地年度财政预算。

辽宁团山国家级海洋公园

LIAONING TUANSHAN GUOJIAJI HAIYANG GONGYUAN

 一 **保护区名片**

地理位置	辽宁省营口市北海新区
地理坐标	40°23′N ～ 40°25′N，122°11′E ～ 122°13′E
级别	国家级
批建时间	2014 年 12 月
面积	总面积 4.46 平方千米（陆域面积 1.26 平方千米，海域面积 3.20 平方千米）
保护对象	海蚀地貌景观、全球性濒危物种黑嘴鸥以及环颈鸻、铁嘴沙鸻、黑尾鸥、红嘴鸥、红腰杓鹬、野鸡、野兔、野鸭、白鹭等野生动物
关键词	海蚀地貌、黑嘴鸥、北海禅寺
资源数据	海域中浮游植物有两大类 9 科 10 属 18 种，浮游动物 5 大类 22 种，浮游幼虫 6 种；底栖动物有 6 个门类 37 种

辽宁团山国家级海洋公园

二 保护区概况

　　辽宁团山国家级海洋公园保护区地处渤海辽东湾畔、营口市北海新区沿海，总面积 4.46 平方千米，海域面积 3.20 平方千米。保护区内又分为重点保护区、生态与资源恢复区和适度利用区。

三 功能分区图

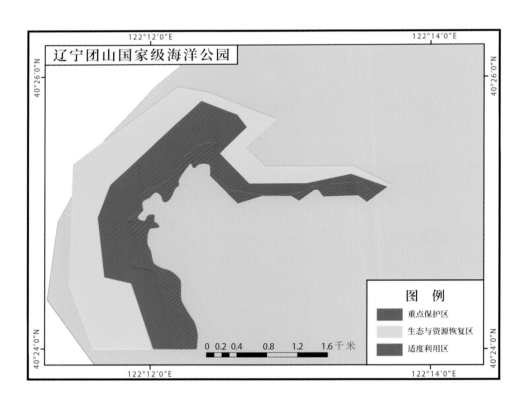

四 生态环境

辽宁团山国家级海
洋公园内岩石类型丰富，
由于岩性差异，导致岩
石的抗风化能力、抵海
蚀能力的不同，形成海
蚀崖、海蚀台、海蚀穴
等多种海蚀地貌。此外，
海洋公园内还有海积作
用形成的海滩及形式多

团山海蚀地貌

样的沿岸沙坝。团山海蚀地貌造就了该保护区独特的海蚀自然景观近百个，是全国罕
见、长江以北仅有的地质遗迹和珍贵的海洋资源。

五 代表性资源

（一）动物资源

辽宁团山国家级海洋公园地处河海交汇处，附近海域是西太平洋斑海豹洄游区，
辽东湾对虾、海蜇产卵场，鱼类索饵场及洄游通道，也是习沙性生物和习泥性生物交
互的地带，生态系统特殊性。附近渔业资源丰富，是国家海蜇生产和出口基地，海蜇
产量居全国之首。软体动物为生物量优势种，拥有短竹蛏、凸镜蛤、文蛤、毛蚶等经
济价值较高的水产资源。此外，还有全球性濒危物种黑嘴鸥，以及铁嘴沙鸻、环颈鸻、
黑尾鸥、红嘴鸥、红腰杓鹬、野鸡、野兔、野鸭、白鹭等野生动物。

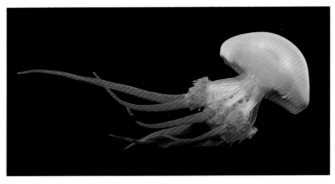

海蜇

▶ 海蜇

学　　名	*Rhopilema esculentum*
中文别称	红蜇、面蜇、鲊鱼
分类地位	刺胞动物门钵水母纲根口水母目根口水母科海蜇属
自然分布	在我国分布于黄海、渤海、东海、南海北部沿岸区、江河口以及岛屿附近

　　海蜇伞部直径一般在 30 ～ 60 厘米，最大可达 1 米。外伞部光滑，含有胶质，隆起为馒头状。伞缘有感觉器 8 个，每 1/8 伞缘有缘瓣 14 ～ 22 个。有 8 条口腕，呈多瓣片状。口腕上有小吸口、触指、丝状附器。丝状附器上有密集的刺丝囊，可以分泌毒液。

　　海蜇是生活在海洋中的浮游生物，多见于近海水域，尤其喜爱栖息于河口附近。分布区的水深一般在 3 ～ 30 米，偶尔也会出现在 40 米左右；生活水温 8℃ ～ 30℃，适宜水温 13℃ ～ 26℃；生活盐度 12 ～ 40，适宜盐度 14 ～ 32。喜栖光强度 2 400 勒以下的弱光环境。在静水浮游速度 4 ～ 5 米 / 分，风向、风力海流和潮汐等因素对海蜇的水平分布有明显影响。

　　海蜇是从受精卵转变至胚囊，变成原肠胚之后就会逐渐转变成浮浪幼虫，再成螅状幼体，最后由横裂体转变为蝶状体，再假以时日成蜇。除了受精成为精卵的有性生殖过程之外，海蜇成为螅状幼体后，会以无性生殖的办法分裂出大量个体。海蜇的生殖方式包括营浮游生活的有性世代和营固着生活的无性世代水螅型。两种生殖方式互相交替进行，即所谓世代交替生殖。

▶ 黑嘴鸥

黑嘴鸥

学　名	*Larus saundersi*
中文别称	桑氏鸥、闲步鸥
分类地位	脊索动物门鸟纲鸻形目鸥科鸥属
自然分布	在我国主要分布于河北、辽宁、黑龙江、江苏、山东（繁殖鸟），天津、河北、内蒙古、辽宁、吉林、山东（旅鸟），上海、江苏、浙江、福建、江西、广东、广西、海南、云南、台湾、香港（冬候鸟）

黑嘴鸥雌雄鸟体态相似，分为夏羽和冬羽。夏羽头至颈部为黑色，颈下部至前胸为白色，翅羽为灰色，下体为白色。冬羽头为白色，缀有淡褐色，眼后有白色斑点。脚为红色，虹膜和嘴为黑色。

黑嘴鸥多小群体活动，出入于开阔的沼泽地带，尤其是生长矮小盐碱植物的滩涂地。会频繁地在附近水域之上低空飞行。飞行时，体态轻盈，会与其他鸥类混群。取食方式是在飞行中突然垂直下降，快降落时，转身捕食甲壳类、蠕虫等水生无脊椎动物，但很少游泳。

黑嘴鸥（冬羽）

繁殖期为 5 ~ 6 月。通常为小群筑巢，巢穴常位于开阔的沿海沙滩地带，尤其是长有碱蓬、獐茅等低矮盐碱植物地方的无水盐碱地上。巢多筑于略高于地面的土墩上。每窝产卵 3 枚左右。卵为梨形，沙黄色沾绿，有暗褐色斑点。

铁嘴沙鸻

▶ **铁嘴沙鸻**

学　　名	*Charadriusleschenaultii*
中文别称	铁嘴鸻、大嘴沙子鸻、大头哥
分类地位	脊索动物门鸟纲鸻形目鸻科鸻属
自然分布	国内分布于新疆、内蒙古中部；迁徙时遍及辽宁、河北、北京、天津、山西、青海、甘肃、陕西、江苏、上海、江西、海南，夏季偶然逗留河北、渤海海峡、山东、安徽、浙江、福建、广东、广西、海南，台湾、香港、澳门（旅鸟，偶见冬候鸟）；偶然分布至四川

铁嘴沙鸻虹膜为暗褐色，嘴为黑色，腿和脚为灰色或带淡绿色。分为冬羽和夏羽。冬羽一般头顶有灰褐色，额头和眉斑为白的，上体灰褐色，羽干黑褐，边缘浅灰。尾上覆羽的灰色比较浅，边缘白色，尾羽为暗褐色末端带一点白。上胸两侧有灰褐色，下体其他部分为白色。夏羽头部上方延伸至头侧为黑色，胸部为棕带栗色。

铁嘴沙鸻喜爱活动于沿海泥沙滩，尤其爱与蒙古沙鸻混群。常是两三只一起活动，偶尔能见到大群。多在水岸边、泥泞地上跑动觅食，尤其喜爱海岸沙滩，偶尔也会出没于盐碱地草原和平原岩石带。在地面上奔跑迅速，常跑跑停停，行动谨慎小心。

繁殖期为 4 ~ 7 月。巢穴常位于植被稀少的沙石地上，距离水源较近。巢穴构造简单，以沙地上的洼地、凹坑再用贝壳、石粒、枯草垫在周围构成。每巢产卵 3 ~ 4 枚。卵为赭土色或橄榄褐色，密布黑褐色斑点。

红腰杓鹬

▶ 红腰杓鹬

学　　名	*Numenius madagascariensis*
中文别称	红背大杓鹬、大杓鹬、鹯鹬、彰鸡
分类地位	脊索动物门鸟纲鸻形目鹬科杓鹬属
自然分布	在我国分布于天津、河北、内蒙古、辽宁、吉林、黑龙江（旅鸟、繁殖鸟），上海、江苏、浙江、福建、江西、山东、湖北、广东、广西、海南、四川、甘肃、台湾、香港（旅鸟，偶见冬候鸟）

　　红腰杓鹬体型较大，体长约 60 厘米。大多为上半身黑褐色，羽毛边缘为棕色或棕白色，使上半部的羽毛呈现黑白带棕的花斑色。嘴尖而长并且向下弯，虹膜暗褐色，下体呈现皮黄色，飞行时会展现出羽翼下的白羽。脚一般为灰色或黑色。多出没于平原河流地带，如芦苇沼泽、湿地、水稻田边。

　　习惯于单独行动，或者形成松散的小群体一起活动；但休息时或在夜间，通常成群出现。在春季时到达东北繁殖地，秋季即南下承小队迁徙。性格胆怯喜静，会长时间站在一个地方，遇到危险情况会迅速起飞。飞行速度较快，但两翅挥动频率较低。一般在水边的浅滩处觅食，通过将它长而尖细的嘴插入沙地或淤泥中捕捉甲壳类、软体动物等为食，也会在地表啄取昆虫充饥。

　　繁殖期为 4～7 月。在 4 月中下旬会进行求偶飞行或已成对。巢穴常筑于低山丘陵和河流两岸的沼泽湿地上。巢穴比较简陋，一般就是地面上凹陷的坑，在周围垫上枯草。每窝产卵 4 枚。卵的形状为梨形，颜色为橄榄褐色或橄榄绿色，有褐色或绿褐色斑点。

（二）旅游资源

辽宁团山国家级海洋公园现已形成海蚀地貌、银沙滩、红海滩三大景旅游源区相融合的大格局，拥有我国北部仅有、规模较大、且历经18亿年形成的海蚀地貌奇景，还拥有银沙滩浴场、九龙泉、烽火台、北海禅寺、古船走廊、红海滩等自然、历史人文景点，以及在此基础上修建的观景平台、亭廊栈道、节点广场、园林绿化、游艇码头、宿营地等基础设施和休闲娱乐设施。

红海滩

海蚀地貌一般是指由于海水的运动导致沿岸陆地被侵蚀破坏所形成的地貌。由于海浪对岩石进行机械性的撞击和冲刷，岩缝中的空气被海浪压缩而对岩体产生的压力，海水中的碎屑物质对岩石的摩擦，还有海水本身的腐蚀性，这些被统称为海蚀作用。海蚀的程度一般根据当地的原始海岸地形、海岸岩石构成、海浪强度有关。辽宁团山国家级海洋公园包含海蚀崖、海蚀柱、海蚀洞等多种海蚀景观。

▶ 海蚀崖

海蚀崖一般会出现在海浪冲击较强、海岸较为陡峭的岸段，一般在岬角和岛屿的地方分布最为广泛，可达二三十米。

海蚀崖

▶ 海蚀柱

海蚀柱的形成原因比较多：有的是因为小的海岛经过千百年的侵蚀仅剩海蚀柱大小，有的是因为海蚀洞顶部被风化侵蚀坍塌，有的是由岬角侵蚀成为孤岛进而再形成海蚀柱。辽宁团山国家级海洋公园内的海蚀柱的形成原因多属于第二种。

海蚀柱

▶ 海蚀洞

海蚀洞是沿岸岩石与海面接触处因为受到海蚀作用形成的断续凹槽。一般来讲，只有深度大于宽度的才能被称为海蚀洞，深度小于宽度的通常被称为海蚀龛或海蚀壁龛。

海蚀洞大多位于海蚀崖的陡峭面。我国北方的基岩海岸都带有不同程度的海蚀洞，是海岸抬升的一个重要标志。

海蚀洞

六 历史人文

（一）历史古迹

▶ **北海禅寺**

北海禅寺始建于明朝，最初修建是为了保佑当地出海的渔民和过路的船只平安归来。据传，当时，辽南有名的卞姓家族有一人在自南洋返回的船只上遭遇了暴风雨天气，在海面上迷失了方向。当他以为自己就要葬身大海的时候，被南海观世音菩萨发现了。观世音菩萨派遣小白龙一路将船只引领至岸边，船上的人全部得救。卞氏家族的人为了感恩，就在海岸边修建了一座北海龙王庙。后几经毁坏、重修，逐渐演变

北海禅寺

为禅寺。后经善男信女捐助，原址重建成为今天的北海禅寺，被人们称为北海小普陀。

北海禅寺建于海边悬崖上。寺外建有观海平台，在此驻足，可以眺望大海。

（二）民间传说

 九龙泉的传说

九龙泉据说形成于唐太宗贞观元年（627），是分布于北海沿岸附近的九口泉眼。它们呈龙形排列，并以龙之九子命名，分别是囚牛泉、狴犴泉、睚眦泉、蒲牢泉、狻猊泉、赑屃泉、负屃泉、螭吻泉、狴狱泉。九口泉眼清冽甘甜，福泽百姓。

相传很久以前，此地村民世代以打鱼为生。其捕获的鱼中以鲅鱼居多。此事惹怒了海中的鲅鱼精，它在海上兴风作浪，伤及渔民，并时常上岸作恶，为祸一方。当地百姓不堪其害，恳请龙王降服此怪。怎奈龙王年岁已高，遂令9位龙子出战鲅鱼精。双方激战九九八十一天，终将鲅鱼精收服。鲅鱼精跪地求饶，发誓不再袭扰当地百姓，随即落荒而逃。村民恐鲅鱼精去而复返，便恳请9位龙子留于此地永镇平安。奈何9位龙子各司其职，重任在身，不便久留。但体念百姓疾苦，便各取身上龙鳞一片，埋于地下，化为九口泉眼，用于震慑妖邪、造福百姓。后世为了纪念龙之九子的功德，便以龙之九子命名九口泉眼，称之为"九龙泉"。

七 保护区管理

（一）机构设置与经费投入

辽宁团山国家级海洋公园管理处于2015年6月2日正式获批成立。管理处人员编制确定为10人。其中，设主任1名、副主任1名、管理人员8名。所需人员编制从全市事业单位调剂，其经费支出正式纳入营口北海新区管理委员会财政预算。

（二）规章制度

海洋公园制定了部门职责、岗位职责、游客服务、安全保卫、经营管理、现场事务、行政管理、日常管护、游客中心管理、应急预案等多类规章制度。

（三）巡护工作与监测

海洋公园管理处组建了由综合执法和资源管理科工作人员组成的海洋公园日常管护巡逻队，定期开展公园巡护工作，并做好记录、存档，形成月报、年报制度。

管理处资源管理科定期开展相关监测调查工作，全面配合好上级主管部门的专业调查，并积极开展生态旅游示范区、国家 AAAA 级旅游景区的相关申报工作，做好信息存档，为科研监测信息数据库的建立做准备。

（四）科普宣传

管理处宣传教育科积极开展工作，对海蚀地貌、红海滩等自然资源的相关科普知识，龙宫一条街、九龙泉、烽火台、北海禅寺等人文古迹的文化传说，以及保护区建设和资源保护等相关法律法规进行了搜集整理，印制保护区宣传资料，录制相关影像资料，通过游客中心、景区 LED 大屏幕、园内各大橱窗和宣传牌进行广泛宣传，并创建保护区门户网站，落实工作负责人，定期维护和更新。

（五）监督管理

海洋公园开发利用及活动的监督管理由管理处开发监督科主抓，严把项目审批关，加大监督和执法力度，一切以不破坏保护区生态环境和保护目标为前提，负起责任，履行义务，坚决杜绝违法审批现象。

辽河口红海滩国家级海洋公园

LIAOHEKOU HONG HAITAN GUOJIAJI HAIYANG GONGYUAN

辽河口红海滩国家级海洋公园

 保护区名片

地理位置	位于辽宁省盘锦市辽河口
地理坐标	40°46′02.674″N ～ 40°58′56.643″N，121°32′20.203″E ～ 121°56′56.530″E
级别	国家级
批建时间	2014 年 12 月
面积	316.39 平方千米
保护对象	由盐地碱蓬、芦苇构成的红海滩及其独特的滨海湿地生态景观
关键词	红海滩、盐地碱蓬、珍稀鸟类
资源数据	栖息着 260 种鸟类，包括国家一级重点保护野生动物 4 种，国家二级重点保护野生动物 27 种，世界濒危性鸟类 3 种，具有观赏价值的鸟类达百种之多

二 保护区概况

　　辽河口红海滩国家级海洋公园的前身是盘锦鸳鸯沟国家级海洋公园，于 2014 年经由国家海洋局批准建立，2017 年调整范围并更名，是国家 AAA 级景区。其生境主要由海岛、低潮高地及周边海域构成，总面积 316.39 平方千米。其中，重点保护区 26.58 平方千米，生态与资源恢复区 171.47 平方千米，适度利用区 118.34 平方千米。辽河口红海滩国家级海洋公园重点保护区位于鸳鸯岛。鸳鸯岛为无人海岛，面积约 5.5 平方千米，属于冲积岛。岛上植被茂盛，鸟类众多，周边水域是水生动物的洄游通道和繁育场所。海洋公园分布着一望无际的红海滩，还有湖泊和众多的沼泽，是丹顶鹤、黑嘴鸥等珍稀保护动物的栖息地，是我国首个红海滩湿地生态系统为特色的海洋特别保护区。

三 功能分区图

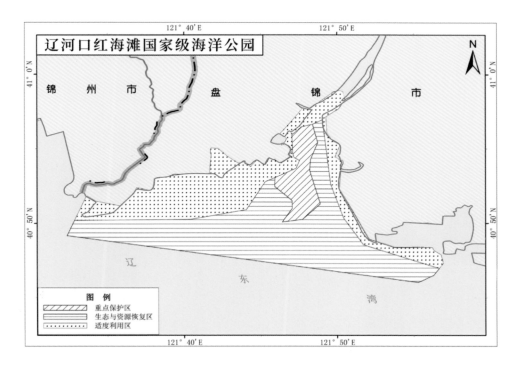

 四　生态环境

　　辽河口红海滩国家级海洋公园所处的地方是典型的河口湿地。这里四季分明，光照充足，夏季湿热，冬季干冷，具有典型的温带大陆性季风气候。这里海洋环境良好，没有严重的污染情况，还拥有红海滩自然景观。红海滩的形成是因为河口地区长时间经受海水的侵蚀，其中土壤含盐量和含水量均高于一般的土地。生长在滩涂地区的盐地碱蓬，形成了独特又壮观的红色海滩。红海滩不仅具有独特的景观价值，更是为研究盐地碱蓬、芦苇对河口湿地生态环境的影响提供了样本。这一课题一直受到国内外学者的高度关注。辽河口红海滩国家级海洋公园的建立，对于保护并研究红海滩有极大的助益。

红海滩

五 代表性资源

（一）动物资源

东方白鹳

▶ 东方白鹳

学　　名	*Ciconia boyciana*
中文别称	水老鹳、老鹳
分类地位	脊索动物门鸟纲鹳形目鹳科鹳属
自然分布	在我国黑龙江齐齐哈尔、三江平原、兴凯湖、哈尔滨，吉林向海、莫莫格、磐石等地繁殖；越冬在江西鄱阳湖，湖南洞庭湖，湖北沉湖、洪湖、长湖，安徽升金湖，长江中下游和江苏沿海地区；有时也远迁至四川、贵州、福建、广东和台湾等地越冬；往香港米埔自然保护区迁徙时，经过辽宁、河北及山东

　　东方白鹳为大型涉禽。通体大部分白色；肩羽较长，黑色，并有紫铜色金属光泽；大覆羽、初级覆羽、初级飞羽和次级飞羽均黑而沾铜绿色；初级飞羽基部白色，内侧初级飞羽和次级飞羽外翈除羽缘和羽端外，均为银灰色，向内渐转为黑色。颈下羽毛呈长矛状。幼鸟羽色和成鸟相似，但肩羽和飞羽羽色较淡，呈褐色，金属光泽亦弱。虹膜粉红色，外圈黑色；嘴黑色，先端稍淡；裸露的眼周和眼先及喉等均朱红色。脚红色。

　　东方白鹳的食物为鱼、蛙、蜥蜴、蛇、鼠、甲壳动物、软体动物、昆虫和其他小型动物。主要栖息在开阔的、人类干扰较少的僻静原野，特别是河流、湖泊、水泡岸边及其附近草地和沼泽地带，偶尔也到离居民点较近的、有稀疏树木生长的农田地带活动。非繁殖期大多集群，特别是在迁徙季节，常集成数十只，甚至上百只的大群。寻食时，多成对或成小群漫步在水边浅水处或沼泽和草地上，步履矫健轻盈，边走边

啄食。休息时，多集中在水边或草地上，常单腿或双腿站立于地上，颈缩成"S"形。有时也见在栖息地上空飞翔和盘旋。

东方白鹳一般在 3 月中下旬迁徙，通常为几只至 10 多只的小群迁徙。刚迁徙时，并不立即进入繁殖地，常在部分融化的河、湖岸边寻食，或在其上空盘旋飞翔寻找巢位和食物场。3 月下旬开始分散，成对进入营巢地区。巢位多选择在没有干扰或干扰较少、食物又丰富、长有稀疏树木或小块森林的开阔草原沼泽或农田沼泽地带，有时也见在距水域、沼泽等食物场数千米甚至 10 多千米外的林带。通常营巢在榆树、柳树或杨树上。

东方白鹳多数在 4 月中旬产卵。窝卵数 4 ~ 6 枚，偶尔也只有 2 ~ 3 枚。孵卵由雌雄亲鸟轮流进行。但白天以雄鸟为主，晚上则全由雌鸟孵卵。孵化期为 31 ~ 34 天。幼鸟孵出后由雌雄亲鸟共同抚育。当幼鸟生长到 55 日龄时，就能在巢附近短距离飞翔；60 ~ 63 日龄以后，则随亲鸟飞离巢区，不再回巢。

东方白鹳 9 月下旬至 10 月初开始离开繁殖地迁往越冬地。迁徙时，常集聚在开阔的草原湖泊和沼泽地带活动。常成群分批、分段逐步南徙，沿途常不断地停留和取食。

雄性鸳鸯

▶ 鸳鸯

学　　名	*Aix galericulata*
中文别称	中国官鸭、官鸭、匹鸟、邓木鸟
分类地位	脊索动物门鸟纲雁形目鸭科鸳鸯属
自然分布	在我国多在东北北部、内蒙古繁殖；东南各省及福建、广东越冬；少数在台湾、云南、贵州等地，为留鸟

雌性鸳鸯

鸳鸯是一种小型游禽，雄性和雌性在外表形态上有着明显的区别。雄性鸳鸯毛色鲜艳，额部和头顶呈有光泽的翠绿色，后颈为深紫绿色，与枕部羽毛、眉羽的延伸部分一同构成羽冠。背部及翅膀羽毛为深褐色，并泛着铜绿色的光泽，飞羽的形状和颜色十分复杂艳丽。雌性鸳鸯的毛色相对暗淡，包括头和后颈、上体的身体大部分羽毛呈灰褐色，其他部位杂有深棕色或其他淡色的斑点。

鸳鸯是杂食性动物，在春、秋两季多以青草、树叶、苔藓等为食，冬季以草籽、坚果为主要食物，繁殖季节则以蚂蚁、蚊子、蝗虫、甲虫等昆虫为主要食物，兼以虾、蜗牛、蜘蛛、小型鱼类等。鸳鸯主要在天亮后到日出前和 14 ~ 16 时内觅食。觅食区域较广，从水上水流较为平稳的区域和浅水处到农田，都可找到它们需要的食物。鸳鸯觅食时，由于水性较好，除了浅水处，在深水处也可潜水觅食。

鸳鸯在水上和陆上的行动都十分灵活、机警，善于隐藏和飞行。在集体飞行和移动中侦察周边环境，并且有自己独特的交流方式。

在我国，鸳鸯多在每年春、秋两季会成群结队地迁徙，也有部分地区为留鸟。迁徙中，它们常常每 8 只或 10 只左右结伴飞行，有时也结成 50 多只的大群。3 月末至 4 月初，它们会陆续来到东北地区进行繁殖活动。刚到达繁殖地时，它们主要集中活动在开阔地带的较小水域中，并不立刻筑巢。待天气转暖，才逐渐分散筑巢，开始交配。雌雄鸳鸯在水中交配，交配后到岸上休息。交配外的其他时间，鸳鸯们常栖息在水边和春季未融化的冰面上。巢多建在临水较近的老树上的天然树洞里，离地面 8 ~ 10 米高，由木屑和雌鸟的绒羽筑成。5 月初时，雌鸟开始产卵。雏鸟需要 1 个月左右孵化。雏鸟天生便有游泳和潜水的能力，孵化的次日，便可由父母带领离巢。

（二）植物资源

▶ **盐地碱蓬**

学　　名	*Suaeda salsa*
中文别称	翅碱蓬、碱葱、盐蒿、海英菜、黄须菜
分类地位	被子植物门双子叶植物纲藜科碱蓬属
自然分布	在我分布于东北、内蒙古、河北、山西、陕西北部、宁夏、甘肃北部及西部、青海、新疆、山东、江苏、浙江

盐地碱蓬

　　每年 3 月，盐地碱蓬在咸碱的泥土里扎根。4 月就开始生长出地面。经过日照和海水的洗礼，盐地碱蓬会渐渐由绿转红，颜色也会逐渐变深。到了 9 月、10 月，盐地碱蓬会呈现出紫红色。盐地碱蓬是一种较为矮小的植物，所以当数以千万计的翅碱蓬密密麻麻地在开阔的滩涂生长成熟时，就会形成蔓延无垠的红色"海洋"，红海滩也是因此得名。盐地碱蓬的果实是黄豆大小的椭圆形，在枝茎上结成。果实掉落在盐碱地上，第二年又会重新长出新的植株。面对难以利用的盐碱滩涂地，盐地碱蓬一直是极为典型的一种植物。在北方，大部分的海滩、盐碱土地甚至路边都很容易发现盐地碱蓬的身影。但并非含盐量越高的土地就越适合盐地碱蓬生长，当土地含盐量超过 2%，盐地碱蓬也会变得"寸草不生"。最适宜盐地碱蓬生长的环境是含盐量 0.3% ～ 0.5% 的盐碱地。

（三）矿产资源

　　作为一个新兴的石油化工城市，盘锦坐落着中国第三大油田——辽河油田。在盘锦辽阔的大地上，采油钻塔林立，与稻浪、苇荡、大海相映成趣。在市内的石油主题公园和科技馆，各种采油设备微缩模型、油气矿藏地质构造图、辽河油田开发历史图片等成为油田科普教育园地。辽河油田工业旅游资源的开发方向是工业观光、石油科普旅游和石油新城风貌观光。

辽河油田

 六 历史人文

辽河口红海滩国家级海洋公园周边有甲午末战古战场遗址、张氏祖居和祖墓、辽河碑林等历史文化载体，它们见证并承载着盘锦市的历史文化脉络，成为盘锦市重要的历史文化旅游资源。其开发方向是爱国主义教育旅游、文化观光旅游、中国书法碑林旅游等。

（一）历史遗址

▶ 甲午末战古战场遗址

盘锦市的台田庄是中日甲午战争的古战场。台田庄战役是甲午战争的关键点，在经历过这场辽东战场上最大、最激烈的战役后，失败的阴云笼罩了整个国家。现在的盘锦台田庄有一座甲午末战殉国将士墓。墓地由 5 个部分组成，分别是纪念牌坊、将士雕像、殉国将士墓、纪念浮雕和陈列室。其中，纪念牌坊是汉白玉的仿古牌坊，上书朱红大字"甲午末战殉国将士墓"。将士雕像高约 4 米，形象逼真，体现出了清军英勇杀敌、保家卫国的英雄情怀。将士雕像后是殉国将士墓。墓前的青色石碑正面书写着"清军之骨墓"，

纪念牌坊

背面书写着："光绪乙未（1895），帅自南来。抖抖旗舞，血战世界"。纪念浮雕全长 34.5 米，高 2.85 米。后面是《重修甲午末战殉国将士骨墓记》。其中写道："百岁已逝，千年更迭；硝烟渐远，犹然神气。"

▶ 张氏故居遗址和张氏墓园

张氏故居系张作霖（1875—1928）、张学良（1901—2001）的祖居之地，地处盘锦市大洼区东风镇叶家村北约 1 000 米。清道光年间（1821～1850），张学良的高祖张永贵从河北迁到东风镇时就选中了此地。故居分东西两处，相距 1 米左右。东西各 5 间正房。张作霖成为东三省巡阅使后，曾投巨资对故居进行建设。鼎盛时，故居为两座四合院，十分气派。"九一八"事变后，故居被日寇拆毁，至今为一片废墟。张氏故居遗址现为市级文物保护单位。

张作霖

张学良

张氏墓园位于盘锦市大洼区东风镇叶家村北的"大南线"公路旁，占地24.9亩。张学良将军的高祖张永贵、曾祖张发、祖父张有财、二伯父张作孚等族人共10人均葬于此。"张氏墓园"4个字系张学良将军亲笔所书。张氏墓园1984年被定为县级文物保护单位，2000年被定为市级文物保护单位。

（二）名胜古迹

▶ **辽河碑林**

辽河碑林

辽河碑林是一个集古今书法碑刻大成的地方。这里不仅收集了名人雅士如王羲之、苏轼、黄庭坚、宋徽宗、李鸿章等人作品的碑刻，还有平民百姓作品的碑刻。只要是优秀的书法作品，都可以在这里占有一席之地。而且辽河碑林是全国第一个从古至今未曾断绝的碑林。在近现代，还收录了毛泽东、周恩来、蒋介石、郭沫若等众多名人的墨宝。这里并不因为个人功绩或是争议与否决定是否将作品入碑，仅依靠书法作品的优劣决定是否保留。这里还保有甲骨文、象形文字和马王堆汉墓的汉简，专门选取了未被碑刻过的内容。孔子第77代孙孔德成先生曾为辽河碑林题词"中华第一碑林"。无论是从历史的深度还是收纳的广度来看，辽河碑林都担得起这个名号。

辽河碑林有几个"全国第一"：全国第一个收刻远古文字符号的碑林、全国第一个收刻甲骨文的碑林、全国第一个收刻汉代竹简文字的碑林、全国第一个收刻历史上正反两方面人物书法精品的碑林、全国第一个专设毛泽东书法作品碑刻馆的综合性碑林。这一碑林收藏中国从文字符号、甲骨文，到历朝历代的书法大家的各种书体精品碑刻 2 000 ～ 3 000 块，占地面积 730 亩，成为中国最大的碑林。

 七 保护区管理

2015 年，经盘锦市批复成立了保护区管理机构——盘锦鸳鸯沟国家级海洋公园管理办公室（现更名为辽河口红海滩国家级海洋公园管理办公室），隶属于盘锦市海洋与渔业局［今属盘锦市自然资源局（海洋局）］，办公地点在盘锦市辽河口生态经济区鸳鸯沟景区。主要职责是承担保护区的科研管理和宣教工作，落实国家相关法律法规。办公室人员由市局属单位及共建单位人员等组成，下设 4 个科室，有工作人员 15 名。

　　保护区现已建成管理站 1 个、瞭望塔楼 2 座、宣教中心 1 个、面积 100 平方米的实验室 1 个，以及界碑、界桩、视频监控头等，配置了摄影、摄像、录音等执法取证装备，与周边企事业单位以及渔民开展共建共管。保护区与国家海洋环境监测中心共建滨海湿地生态站，与大连海洋大学、北京林业大学、北京师范大学、北林科技股份、深圳铁汉生态开展科研监测合作。

　　保护区现已制定了相关的制度，实现制度上墙、按指南要求开展日常巡护工作。

辽宁凌海大凌河口国家级海洋公园
LIAONING LINGHAI DALINGHEKOU GUOJIAJI HAIYANG GONGYUAN

 保护区名片

地理位置	位于辽宁省凌海市大凌河河口处，东邻盘山县
地理坐标	40°47'12.463"N ～ 40°52'21.650"N，121°27'37.329"E ～ 121°33'18.071E"
级别	国家级
批建时间	2016 年 12 月
面积	31.50 平方千米
保护对象	滨海湿地生态系统及迁徙鸟类以及河口生态系统
关键词	芦苇荡湿地、盐地碱蓬、东北亚鸟类迁徙通道
资源数据	具有典型的河口生态系统与丰富的海洋生物资源，有动植物 239 科 1 024 种

辽宁凌海大凌河口国家级海洋公园

二 保护区概况

　　辽宁凌海大凌河口国家级海洋公园位于辽宁省凌海市大凌河口，是以河口生态系统为主要保护对象的国家级海洋公园，总面积31.50平方千米。其中，重点保护区9.43平方千米，生态与资源恢复区9.08平方千米，适度利用区12.99平方千米。

　　海洋公园沿海滩涂广阔，具有典型的河口生态系统与丰富的海洋生物资源。由于大凌河口湿地土壤过湿、盐分较重，所以植被条件较差，喜湿耐盐植物多，中性植物少。其中，优势种和建群种皆为喜湿或喜盐植物，共有动植物239科1 024种。海洋公园内的大凌河口湿地，每年有大量鸟类在此栖息、繁衍，年迁徙栖息珍稀水禽达6万多只。经中外专家认定，这里是东北亚鸟类迁徙的国际通道。近年来，近海渔业环境污染、河口生态环境问题突出。海洋公园的建立，旨在保护河口生态系统及海洋生物资源的基础上，实施合理利用与生态开发，充分挖掘其旅游潜力，打造集生态保护，资源利用，生态旅游于一体的魅力凌海。

三 功能分区图

四 生态环境

辽宁凌海大凌河口国家级海洋公园中的大凌河口湿地,具有典型的河口冲积平原湿地生态系统,动植物分布具有地带性和典型性。其生境可分为人工湿地、芦苇湿地、河流、滩涂、浅海等几个类型。有

大凌河口湿地

动植物 239 科 1 024 种。其中，鸟类 47 科 253 种，包括丹顶鹤、东方白鹳、黑嘴鸥、天鹅等国家重点保护鸟类 34 种，大白鹭、大天鹅，灰鹤等中日候鸟保护协定规定的鸟类 145 种，白眉鸭、琵嘴鸭等中澳鸟类保护协定规定的鸟类 46 种。大凌河口湿地是东北亚国际鸟类迁徙的停歇地之一，既是濒危物种丹顶鹤和黑嘴鸥等繁育的最南限，也是灰鹤越冬的最北限，还是西太平洋斑海豹的最南限繁殖栖息地。

代表性资源

（一）动物资源

白眉鸭

学　　名	*Anas querquedula*
中文别称	巡凫、小石鸭、溪的鸭
分类地位	脊索动物门鸟纲雁形目鸭科鸭属
自然分布	在我国繁殖于新疆西部及东北北部和中部，迁徙遍及我国北部，越冬在西藏南部、云南、广东、广西及台湾等地

白眉鸭雄鸟一般额头和头顶为深褐色，颈部为淡栗色，有白色斑点状杂毛。有明显的白色眉羽，由眼周蔓延至后脑。胸背部呈棕色；腹部为白羽；翅上有灰蓝色覆羽，翼镜为羽缘带白的闪亮绿色。雌鸟头部为褐色，有明显图纹；腹部为白羽；翼镜为羽缘带白的暗橄榄色。幼鸟与雌鸟形似，但下部多斑纹，胸、胁两侧多有棕褐色。成鸟

虹膜为栗色，脚灰蓝色；幼鸟虹膜为黑褐色，脚灰黑色，嘴均为黑色。繁殖期过后，雄鸟仅飞行时羽色与雌鸟有异，其他渐与雌鸟相似，较少发出叫声。

白眉鸭一般以水生的植物为食，多在浅水处或池塘边觅食，不会浅水取食。进食多在夜晚。白天会在水草丛中休息，也会偶尔到岸上觅食青草和谷物。在我国，白眉鸭在每年3月底至4月初会从南方回迁至华北地区，4月底到达西北和东北繁殖地区，9月末又开始准备南迁过冬，11月左右陆续到达南方越冬地区。平时呈小群体分布，在迁徙时会集结成大群。白眉鸭性格胆小，但稍有声响就会警醒地飞走。飞行速度快，身形灵活，常藏于隐蔽处。

白眉鸭性成熟后，每年迁徙越冬前配对，成对到达繁殖地区。4～5月，会在繁殖地筑巢。5～7月为繁殖期。常将巢安置在距离水面不远，隐蔽的水草间。每窝产卵至少有6枚，多的能达到14枚。卵呈黄褐色或姜黄色。雄鸟一般会在雌鸟孵卵的前几天停留在巢穴附近守护，几天后会离开雌鸟和其他的雄鸟一起换羽。孵化期通常为20多天。雏鸟破壳后40天左右就能在亲鸟的带领下飞行。每年越冬迁徙之前，成鸟们会重新配对。

白眉鸭

琵嘴鸭

学　　名	*Anas clypeata*
中文别称	琵琶嘴鸭、铲土鸭、宽嘴鸭、杯凿、广味凫
分类地位	脊索动物门鸟纲雁形目鸭科鸭属
自然分布	在我国繁殖于新疆西部及东北北部，迁徙经东北南部、内蒙古、青海、新疆及华北各省，越冬在长江中下游以南各省，西至西藏南部

雄性琵嘴鸭

雌性琵嘴鸭

　　琵嘴鸭雄鸟的头顶至颈部为深绿色，额头、眼周等部位呈深褐色。背部羽毛为黑褐色，边缘呈现出淡褐色，上背部和肩侧羽为白色。雌鸟头顶至颈部有金棕色的杂纹，上体为黑褐色，腰背部有浅红色横纹。下腹为淡棕色，有"V"字形斑。翅羽大多为灰蓝色，羽缘为浅棕色。跗跖橙红色，爪黑蓝色。雄鸟的虹膜为金色，雌鸟是浅褐色；雄鸟的嘴是黑色，雌鸟的嘴是黄褐色。

　　琵嘴鸭一般以水生软体动物、螺、昆虫、鱼等动物为食，也吃水草等植物。通常会在浅水边游动时通过铲形的嘴觅食，嘴会在表面来回摇动，并通过过滤的方法收集食物；也有将头整个伸入水底觅食的情况。觅食活动主要在白天进行，夜晚多靠岸休息。

在我国，琵嘴鸭每年的 3 月底至 4 月中北上，由华北地区到达东北北部及长白山地区，9 ~ 10 月又经由华北地区返回长江以南地区越冬。迁徙时，常组成小群或单只活动，然后集结成为较大的群体。其性格谨慎，发现有人之后会立刻飞走。飞行能力不强，但体态轻盈，速度很快，在陆地上行走反而会稍显笨拙。

琵嘴鸭在繁殖地有明确的分工，雄鸟负责占领巢穴区域，雌鸟寻找合适的地点筑巢，主要是利用浅坑和洞穴。产卵后，雌鸟会独自孵卵。每窝产卵 7 ~ 13 枚，一天产一枚。雏鸟一旦孵化，很快就会离开巢穴。

（二）植物资源

▶ **芦苇**

学　名	*Phragmites communis*
中文别称	芦、苇、葭、蒹
分类地位	被子植物门单子叶植物纲禾本目禾本科芦苇属
自然分布	在我国广泛分布

芦苇

芦苇为多年生草本，具粗壮匍匐根状茎。秆高 1 ~ 3 米，直径 2 ~ 10 毫米，节下通具白粉。叶鞘无毛或具细毛；叶舌有毛；叶片长 15 ~ 45 厘米，宽 1 ~ 3.5 厘米，光滑或边缘粗糙。顶生圆锥花序，长 10 ~ 40 厘米，微向下垂头，下部枝腋具白色柔毛；小穗长 12 ~ 16 毫米，通常含 4 ~ 7 朵小花；颖具 3 条脉，第一颖长 3~7 毫米，第二颖长 5 ~ 11 毫米；第一小花通常为雄性，其外稃长 8 ~ 15 毫米，内稃长 3 ~ 4 毫米；第二外稃长 9 ~ 16 毫米，顶端渐尖，基盘具长 6 ~ 12 毫米的柔毛；内稃约长 3.5 毫米，脊上粗糙。花期 7 ~ 9 月；果熟期 9 ~ 11 月。

芦苇生于池沼、河岸、溪流湿地、沙滩。分布几乎遍及全国和全世界温带地区。

芦苇茎光滑坚韧，可供编织用；秆纤维为优良造纸原料；也可制人造丝。根茎为有利尿、解毒作用。

六 历史人文

（一）历史故事

▶ 慕容廆与东晋交流

两晋时期，我国北方的航海事业其主要海区在渤海湾及环山东半岛一带。控制今渤海辽东湾北部一带的慕容廆（269—333），在晋元帝司马睿初即王位时（司马睿317年即位为晋王，年号建武），曾派长史王济航海到建康（今江苏南京）表示拥戴。当时要从今辽东湾大凌河口出发，通过渤海海峡，绕经山东半岛东端，进入长江口，到达建康。这是一条很长的航路。此后，慕容廆经常通使建康，都是从海道往来，中间也曾有过"遭风没海"的事，但始终未断绝与东晋航海交通的联系。

▶ 慕容皝踏海冰伐慕容仁

晋成帝咸康二年（336），慕容廆之子、前燕建立者慕容皝（297—348）想要征讨慕容仁（？—336）。部将都劝谏他走陆路为宜，因为海道虽然距离近但危险艰难。慕容皝说："以往海水不见冰冻，自慕容仁谋反以来，已3次封冻。从前汉光武帝因滹沱河结冰得以脱险，后来成就了大业。上天或许想让我乘此良机而击败慕容仁吧！我意已决，谁若阻挠，就推出去斩首！"慕容皝领兵从昌黎（今辽宁义县）出发，由大凌河口踏海冰而行300余里到达历林口（在今辽宁营口）；再由历林口舍弃辎重，

轻兵赶赴平郭（在今辽宁盖州）。慕容皝的军队离平郭 7 里时，慕容仁才得知。慕容仁仓促迎战，兵败被俘。

▶ 隋炀帝三临临海顿

隋唐时期，大凌河口一带被称为临海顿，又作望海顿或望海镇。

隋炀帝大业七年（611），隋炀帝杨广（569—618）"行幸望海镇，于秃黎山为坛，

阎立本《历代帝王图》中的隋炀帝（中）

祀黄帝，行祸祭"。

大业八年（612）四月二十七日，隋炀帝第一次征高句丽时，在临海顿见到一只大鸟，以为其为瑞禽，便令诏秘书学士虞绰（562—615）写一篇铭。虞绰写道："维大业八年（612），岁在壬申，夏四月丙子，皇帝底定辽碣，班师振旅，龙驾南辕，鸾旗西迈，行宫次于柳城县之临海顿焉。山川明秀，实仙都也……少选之间，倏焉灵感，忽有祥禽，皎同鹤鹭，出自霄汉，翩然双下。高逾一丈，长乃盈寻，靡霜晖于羽翮，激丹华于觜距。鸾翔凤跱，鹊起鸿骞，或蹶或啄，载飞载止，徘徊驯扰，咫尺乘舆……"隋炀帝看了之后，感到很满意，命人把这篇铭刻在海边岩石之上。

同年八月，隋炀帝下令运黎阳、洛阳、洛口、太原等仓向临海顿运粮。

▶ 明清战争中的大凌河口

大凌河口地理位置非常重要，在明清战争中，大凌河口被作为水师驻扎地和重要运输港口。

明天启七年（后金天聪元年，1627）的宁锦之战中，袁崇焕（1584—1630）就奏请朝廷将水兵调集到大凌河口，策应陆地作战，来对抗后金军。

明崇祯十三年（清崇德五年，1640）五月，皇太极（1592—1643）令让户部参政硕詹等人前往朝鲜，征调朝鲜水师及军粮至大凌河口。同年八月，清安平贝勒杜度派遣小股部队前往大凌河口，杀死明军35人，缴获

皇太极画像

船 2 只。

明崇祯十四年（清崇德六年，1641）正月，皇太极命朝鲜总兵林庆业等率兵
5 000、船 115 艘，载米 10 000 包，同清户部官员洪尼喀、库礼等由小凌河口、大凌
河口水路进发，运至三山岛。

▶ 乾隆帝巡海

清乾隆帝（1711—1799）曾 4 次东巡，其时间分别为乾隆八年（1743）、乾隆
十九年（1754）、乾隆四十三年（1778）、乾隆四十八年（1783）。有专家认为，乾

乾隆帝画像

隆帝这 4 次均自大凌河口入海，经小凌河口海域开始巡海，经连山、塔山等处返京。乾隆帝第一次巡大凌河口写下诗作《大凌河》："金根迤逦过，初度大凌河。战迹当年烈，忧怀此日多。守成知不易，开创事如何？骕牧今销燧，名驹蒸寝讹。"他第三次巡海入大凌河口写下了《过大凌河恭依皇祖原韵》："屈指三经此处过，上陵本异大风歌。创成在守非不易，继显日承愧已多。牧马自来称坰野，观鱼何必备凌河。百年遗老消磨尽，故事无能问锻戈。"

七 保护区管理

　　辽宁凌海大凌河口国家级海洋公园管理委员会在重点保护区内，实行严格的保护制度，禁止或者严格限制任何不利于重点保护区保护的活动；在生态与资源恢复区内，实施以自然恢复为主的管理措施或相关的生态修复项目，以恢复海洋生态、资源与关键生境；在适度利用区内，允许适度利用海洋资源，鼓励实施与保护区保护目标相一致的生态型资源利用活动，如生态旅游业、休闲渔业及其他生态型活动，以实现资源的可持续利用。辽宁凌海大凌河口国家级海洋公园的建立，可以提升周围海域海洋环境的保护等级，保护和构建良好的河口生态系统，打造结构完整、功能协同的河口与海洋复合生态系统，提高大凌河口区域的生态功能和自我维持功能，提高大凌河入海口及邻近海域的水质和生物多样性。

锦州大笔架山国家级海洋特别保护区

JINZHOU DABIJIASHAN GUOJIAJI HAIYANG TEBIE BAOHUQU

 保护区名片

地理位置	在辽宁省锦州市区以南
地理坐标	40°45'23.78"N ~ 40°53'12.16"N，121°03'36.10"E ~ 121°11'56.41"E
级别	国家级
批建时间	2009 年 12 月
面积	122.18 平方千米
保护对象	主要保护对象为大笔架山天桥陆连堤、动力环境及生态环境
关键词	陆连岛、天桥、三清阁

 保护区概况

2009 年 12 月 29 日，国家海洋局批复于辽宁省锦州市南沿海大笔架山海域建立锦州大笔架山国家级海洋特别保护区。2016 年 12 月 26 日，国家海洋局同意锦州大笔架山国家级海洋特别保护区调整范围并加挂国家级海洋公园牌子。保护区以大笔架山为核心地区，总面积 122.18 平方千米。其中，重点保护区 6.25 平方千米，生态与资源恢复区 73.01 平方千米，适度利用区 42.92平方千米。大笔架山的连岛坝是典型的陆连岛，不仅因为其完整性而具有天然的观赏价值，还因为其独特的生态地貌而具有无可比拟的研究价值。大笔架山的意义还在于，它是国内少有的儒、释、道三教合一的寺庙分布区。保护区内不仅包含国内规模最大的石结构建筑，还是重要的历史遗迹留存区。其留存的"仙女造桥"民间传说，是地方民俗文化研究的重要资料。保护区内的大笔架山风景区是辽宁省知名的集休闲观光、宗教、度假于一体的国家 AAAA 级观光旅游景区，现年接待人数约 80 万人次。

锦州大笔架山国家级海洋公园

三 功能分区图

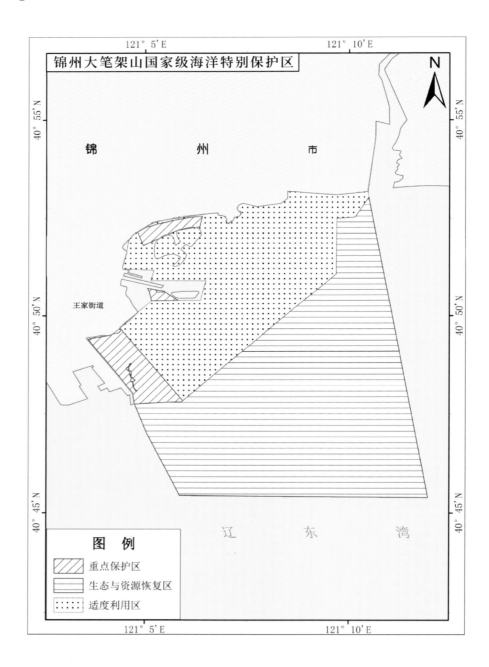

四 生态环境

　　大笔架山的连岛坝又被称为"天桥"，是典型的陆连岛，它完整地保留了原生态地貌特征，具有造型优美、天然、完整等特点，观赏价值和研究价值极高。保护区内海水水质经过多年保护上升为二类，基本符合国家级海洋特别保护区海水水质的要求；保护区内沉积物环境保持良好，符合国家级海洋特别保护区沉积物环境质量一类的要求。保护区内潮间带生物、大型浮游动物、小型浮游动物、浮游植物的生物多样性指数分别为 1.214、0.992、1.735、2.893。

 五 代表性资源

（一）旅游资源

　　锦州大笔架山国家级海洋特别保护区内著名海滨风景区有大笔架山风景区、小笔架山和笔架山海水浴场。

 大笔架山风景区

大笔架山

大笔架山风景区位于锦州市南沿海地区，距市中心有 37 千米。景区内有大笔架山、天桥和海滨浴场等组成的自然风景。山上还有笔架山门，吕祖亭，王母宫，三清阁和一线天等景点。

海门

大笔架山风景区的大门也叫海门，由清华大学建筑学院设计，分南北两部分。南侧是 20 米高的彩虹式拱形门，象征着连接海岛的天桥；北侧是 22 米高、东西对称的两把金钥匙。造型寓意着两把金钥匙打开景区大门，让游客跨天桥登上笔架山。

桥头堡是按照古城墙外形的建造，样式新颖而美观，分上、中、下 3 层，游客可以站在这里从不同的高度观山、看海、望天桥。上面是"山海天心"四个大字。意思就是山没有海大，海没有天高，天却没有一位游客的心胸宽广。

天桥由潮汐冲击而成的。天桥长 1 650 米，共 5 道弯形成绝美的"S"形曲线连通岸岛，潮涨隐，潮落现，神奇绝妙，堪称"天下一绝"。具体而言，海浪天天冲击着海岸，山上风化的碎石在海浪的搬运下成了天桥的建筑材料，再加上笔架山的方向正好顺着涨潮的方向，在地貌学上正好构成一个岬角。海浪遇到岬角，其冲刷能力会降低。这里的潮头又是半日潮，海水一天两次搬运堆积碎石，并经过一段漫长的时间，形成这样一个天桥。

天桥

小笔架山

小笔架山位于王家窝铺东面，呈葫芦形，距岸约 1.1 千米。岛上双峰如笔架，比其南面的大笔架山小而得名"小笔架山"。小笔架山呈东南—西北走向，长 222 米，平均宽度 60 米，面积 10 000 平方米，最高 27.1 米。满潮时四周水深 4 米左右，低潮时岛体毕露。西麓有天然堤坝沿西侧蜿蜒分布，现已人工修建引堤与其相连。

笔架山海水浴场

笔架山海水浴场水域开阔，沙滩松软，海水洁净，是较为理想的海滨浴场。浴场丰富的旅游资源，具有发展多元化旅游的人文要素和自然景观条件，适宜开展高档次的休闲度假和娱乐项目。

六 历史人文

（一）名胜古迹

神水井

神水井深约 4 米，直径约 1 米。虽然井离岸边仅 50 米，然而井水却并非是海水，而是淡水，并且甘甜爽口。这口井也是附近居民的主要水源。离

神水井

海如此之近的淡水井堪称笔架山的"一绝"，它也是靠海最近的淡水井。据说，1912年修山门时，山上淡水不足，人们下山寻找饮用水，终于在海边发现泉眼并打造了这口水井，用山上的青石建造了井壁。

▶ 真人观

进入大笔架山山门，沿路盘旋而上，有一个石塔的建筑，为真人观，是大笔架山开山老祖朱洁贞真人的坐化之处。整个建筑高 4.7 米，塔基为正方边形，每边长 1.8 米，

真人观

塔座高1.1米。座上塔身有6层，第六层由3块石板砌成佛龛状，塔顶为宝葫芦形。

朱洁贞年幼之时就已经出家了，是道教龙门派第十九代传人。为了寻找修建龙门派宫观的福地，她走过很多地方，最终来到了大笔架山。大笔架山上原有的庙宇建筑已经坍塌破败，朱洁贞采用了纯石材建筑。在最初建造笔架山石楼建筑群和石刻造像群的时候，朱洁贞就确定了选址的宗旨："大笔架山乃一艘大船，在大笔架山最高峰建三清阁就是船头的桅杆，北有吕祖亭为航舵，更有天桥通向大海的彼岸。真是登上大笔架山，更上一重天。"从她选址的宗旨来看，她已经初步考虑到了环境与建筑相结合后的象征意义。

▶ 吕祖亭

由真人观向南登山坡，有一座亭，这便是吕祖亭。它形如小塔高11米，分为两层：第一层有吕洞宾的汉白玉雕像，第二层有十方救苦天尊的石雕。传说该亭是吕洞宾渡海的小憩之处，故得名"吕祖亭"。亭旁有一块"展纸石"，石旁曾有清泉涌出地面。泉水为黑色，宛如墨汁，因此也被称为"洗笔泉"。

传说八仙过海，四处漫游，当他们来到笔架山时，发现这个地方山清水秀，景色优美。特别是"笔峰插海"，更是人间难得一见。他们一个个欣喜万分，于是用石头作为台子铺上纸，用台子下的泉水涮笔，一个个文思泉涌，分别留下赞美笔架山的对联，因此曾经的清泉也变为黑色了。

清代乾隆帝回奉天祭祖，他听说笔架山上风景很好，是看日出的好地方，就带人一起爬上山顶。在山顶见到一块大石头方方正正，石头下的泉水却不像普通的泉水，反而是黑色。他深感好奇，就问随从这石头和泉水叫什么名字。随从说，这块石头和泉水至今没有名字，请皇帝封赐。乾隆帝非常高兴，于是为石头和泉水赐名："这块石头就叫展纸石，这口泉水就叫作洗笔泉。"很快，乾隆帝命人拿出纸和笔，亲手题了"展纸石"和"洗笔泉"，还让石匠刻在石头上。

▶ 太阳殿

　　由吕祖亭向南走，便是太阳殿。太阳殿高4米，东西长10米，南北宽6米。殿内供奉月光菩萨、日光菩萨、真武大帝、南极仙翁等10尊神佛塑像。

▶ 五母宫

五母宫

　　五母宫位于太阳殿南侧，原来是2层仿古宫阙式建筑，由于"文革"期间遭到破坏，现仅存1层，分为5个房间。相邻房间有月亮门相通，给人以石窟之感。5个房间分列供奉金瓜、木果、水食、火菜、土粮五圣母塑像。

五尊圣母塑像面南而坐，有的手拿如意，有的手捧石榴，有的手拿书卷……仪态安详，身姿秀朗。五母宫前耸立两根石柱，上有盘龙浮雕，雕工精细，令人赞叹。

▶ 三清阁

三清阁是集佛、道、儒三家为一体的亭阁规模最大的石结构建筑，始建于1912年，共有6层，高26.2米。该建筑采用纯一色的石墙、石门、石廊、石梯、石梁、石柱，就连飞檐斗拱、壁画门神，也都是石头刻的，是我国建筑史上的经典之作。三清阁中神佛塑像众多，其中最大的是顶层的盘古塑像。这尊塑像为汉白玉制作，至今已经历了90余年的风雨沧桑。盘古塑像头顶吉祥鸟；左眉毛象征太阳，右眉毛象征月亮，双眉间刻有五行图；双眼圆瞪，气势逼人；左手执火，右手执水；塑像上雕有9条造型各异的龙。其造型和雕塑风格独具匠心，堪称三清阁塑像之最。

三清阁是由朱洁贞和她的弟子孙金言、贺宝江于晚清时期修建。因为大笔架山是一座海中的小岛，常年经受海风的吹蚀，所以岛上曾有的砖木结构建筑都已破败坍塌。为了建立长久的海上道教圣地，朱洁贞决定用汉白玉和其他石材来建造。朱洁贞想要建造一个圣地，所以不想修建得像寻常的庙宇一样。开工在即，她却久久没有绘出满意的图纸。朱洁贞于是日夜诵经祷告，想要向上苍求取一点"灵光"。终于有一天，天气格外的好。当天色逐渐转暗时，天边的晚霞间出现了一座金碧辉煌的楼阁。朱洁贞明白这是上天的指引，带领弟子叩谢膜拜之后，急忙将天上楼阁的样式描摹下来。当晚霞散尽时，六层八角外廊式的三清阁图样就呈现在众人眼前。根据传说，大笔架山的三清阁是天宫的图样，这也为它增添了神秘的气息，与其他道教建筑相比，也是独具特色。可惜开工不久后，朱洁贞就仙逝了，她的弟子孙金言与贺宝江继承她的遗志，带领工人们继续营建笔架山这座海上道教圣地。

三清阁

　　三清阁建筑群在"文革"时期受到了一定程度的破坏。1986年，锦州市文化局成立笔架山文物保护管理所，直属管理笔架山古建筑群。1988年，三清阁建筑群被辽宁省人民政府列为省级文物保护单位。1997年，三清阁建筑群划归经济开发区属地管理。

（二）民间传说

▶ 大笔架山的由来

大笔架山相传原本是玉皇大帝的笔架。有一天，一个神仙办事不力惹怒了玉帝，玉帝一气之下抓起笔架朝那个神仙扔去。那个神仙身手灵活，闪身躲开。笔架落到凡间，变成了大笔架山。

▶ 仙女造桥

景区内有两位仙女的雕像，一立一卧，高 14.2 米，由一百零八块雕刻的花岗岩组成，旁边还有"仙女造桥"4 个大字。

传说远古时候，这里原是一片汪洋。后来，二郎神担来两座山放到海里，才形成大小两座海岛，也就是今天的大、小笔架山。又过了一段时间，有两位仙女来到大、小笔架山，见这里山清水秀，就想建桥把陆地和海岛连接起来，为人类造福。她们约定姐姐修大笔架山的桥，妹妹修小笔架山的桥，两人约定好五更以前修完。两姐妹中，姐姐做事有耐心，能持之以恒，她的汗水滴下来变成小石子滴在海里，终于在天亮以前把桥修好了。修完后，姐姐担心妹妹便去看她。只见妹妹已经累得睡着了，天快亮了，妹妹的桥却只修了一半。匆忙中，姐姐只好抓起一把土，抛向没有修完的一半。所以如今，人们看到大笔架山的桥是石子做的，而小笔架山的桥是一半石子一半土建造的。人们为了纪念姐妹二人，为她们雕刻了这座雕像。

也有另一种传说。很久以前，九霄宫的三元仙子们每年中元节要去人间接受人们的供奉。恰巧有一年，上元仙子要炼丹无法一起出行，只有中元仙子和下元仙子来到人间。她们到渤海笔架山，看到这里山水秀丽，人民质朴，心中很是欢喜。为了答谢

这里百姓们的供奉，她们决定在海陆之家修桥报答百姓。两位仙子略施仙术，桥就已经建成。然而渤海里有条恶龙，它作恶多端，经常残害百姓。它知道两个仙子建桥后，便心生歹意。两位仙子与恶龙苦苦相斗，才打败它，维护了这里百姓的安乐。自此以后，这条沟通海陆的大桥便留下来，供后人参观，堪称"天下一绝"。

"仙女造桥"雕像

事实上，真正建造天桥的是海浪。两座桥皆是在海浪日复一日地冲击下自然形成的。在落潮时，海水会慢慢向两边退去，如果登高远望，就会发现天桥之于大海，就像一条徐徐入海的蛟龙，留下了最后龙尾被人类察觉，剩下的一切都隐藏在了茫茫大海之中。游客们踏着海水，走在天桥上，他们边走边玩，捡贝壳、抓海蟹、追赶海水。这就是造物之神留给人类最好的礼物。

 # 七 保护区管理

锦州大笔架山国家级海洋特别保护区设立了专门的管理机构——锦州大笔架山国家级海洋特别保护区管理局，制定了完善的《锦州大笔架山国家级海洋特别保护区管理办法》，启动编制了《锦州大笔架山国家级海洋特别保护区总体规划》，明确人员工作任务与保护区巡护检查工作内容、未来目标，使保护区工作有章可循、有法可依。保护区先后投入 4 000 万元资金，积极组织实施生态修复、景观修复、能力建设等项目，使锦州大笔架山连岛坝（天桥）及保护区风景观得到整治修复，保护管理能力得到提升。

保护区建成或投入使用的管护设施有监视监测站 1 处、巡护监测船艇 2 艘、宣教中心 1 处、无线传输监视监测系统 7 套、无线传输生态监测系统 1 套、动态监视监测应用系统 1 套、保护区网站 1 个、LED 宣传大屏一座、界碑 4 座、界桩 20 个、海上警示浮标 10 套、宣传栏 5 个、各种监视监测及执法取证设施若干。

为了保护保护区的生态环境，保护区管理局还建立了日常管理、定期巡护及海岛、环保、法规及景区管理机构联合检查执法、定期监测等机制，严格管控开发利用活动，及时制止、严肃查处保护区内不合理的开发利用活动。

保护区日常巡护工作包括全区巡护与保护区核心区巡护。全区巡护分为两个阶

段：一是 4 ~ 10 月，每月 1 ~ 2 次采取驾乘巡护执法船方式，对保护区全区进行巡视监测检查；二是 11 月至次年 3 月，由于海域处于冰封期，以陆域监测为主，每月不低于 1 次。保护区核心区巡护与全区巡护时间节点一样分为两个阶段：在第一个阶段坚持保证每周 1 次巡护；第二阶段由于冰封阶段无法进入重点保护区域，主要采取陆域监测和无线传输监视监测系统进行监管。保护区定期调查与监测的频率为每月 1 次，主要对保护对象天桥的堤长、堤宽、形状与面积等要素进行监视。

觉华岛国家级海洋公园
JUEHUADAO GUOJIAJI HAIYANG GONGYUAN

一 保护区名片

地理位置	地处辽宁省兴城市东南部海域
地理坐标	40°26'N ～ 40°33'N，120°45'E ～ 120°52'E
级别	国家级
批建时间	2014 年 3 月
面积	总面积 102.49 平方千米（岛屿面积 14.63 平方千米，海域面积 87.86 平方千米）
保护对象	磨盘山天桥贝壳滩、龙脖子与怪石崖海蚀地貌、龙头古城遗址、八角井、大碑阁遗址、菲律宾蛤仔种质资源
关键词	龙头古城遗址、大碑阁碑石、唐王洞
资源数据	觉华岛森林面积 4.51 平方千米，森林覆盖率 35% 以上，城区绿化覆盖率 57%，植被种类丰富，并且植被资源保护良好，还有多棵象征佛教文化的菩提树

觉华岛国家级海洋公园

保护区概况

觉华岛国家级海洋公园位于辽宁省兴城市，面积102.49平方千米。海洋公园包括觉华岛本岛，磨盘山岛、张家山岛、杨家山岛3个附岛，1个双石礁，以及附近海域。在海洋公园内不仅有森林公园、岩礁岛屿、沙滩湿地、历史遗迹，还有种质资源保护区等多种生态类型与景观。

觉华岛是一座有居民的海岛，俗称大海山，辽代至清代时称觉华岛，民国时更名菊花岛。2010年，菊花岛更名回觉华岛，并成立觉华岛旅游度假区。2014年，觉华岛旅游度假区被评为国家AAAA级旅游景区、国家级风景名胜区。

觉华岛是辽东湾最大的岛屿，总面积13.5平方千米，岸线长27千米。岛的形状是两头宽阔、中间狭细的长葫芦形。长轴为东北至西南走向，长约6千米，宽0.8～4千米之间，中间的细谷最窄处不足1千米。长轴将该岛分为东北、西南两部分，东北半部略大于西南半部。东北半部有两个高峰，分别为海拔198.2米的大架山和海拔59.3米的北山。西南半部有一高峰被称为大明山，海拔181.4米。

全岛山势南陡北缓，东北部的大架山和北山东南多为悬崖，山石裸露，少有植被，岸线也多为基岩岸，水下地势十分陡急。西北面坡度相对较缓，植被生长良好，岸线多为沙砾质和淤泥质岸，且有较宽阔的滩涂。

根据觉华岛国家级海洋公园近海海洋生态资源与海岛的分布特点，大致可分成4个生态保护区和1个生态旅游功能区。4个生态保护区中，重点保护区66.45平方千米，生态与资源恢复区27.62平方千米，适度利用区39.96平方千米，预留区28.26平方千米。

三 功能分区图

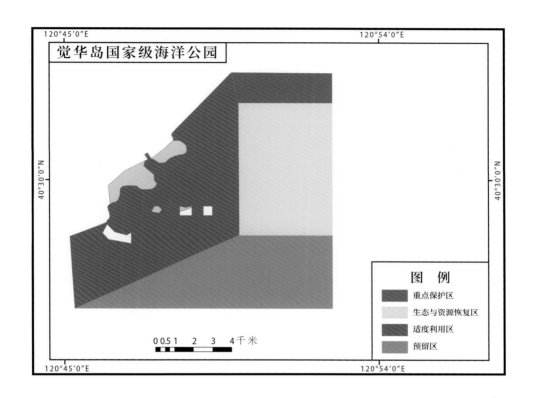

四 生态环境

　　觉华岛是辽东第一大岛，岛上的山林沙石都还未经过大规模的旅游开发，保留了大部分的滨海自然风光。在觉华岛的东海岸线及西南海岸线上有较多的礁石海滩，长度甚至占到整个海岸线长度的一半以上。觉华岛特色之一细沙海滩是岛上最为良好的海岸线资源，而且规模可观。只需要稍加改造，就可以成为旅游度假景区。在南面陡峻多山石的情况下，全岛植被覆盖率超过50%。植被种类丰富，而且植被资

源保护良好，有林地面积 6 764 亩。

觉华岛国家级海洋公园作为海洋和独特岛屿生态系统，本身具有巨大的生态系统服务功能，通过建立国家级海洋公园，对人为活动进行了严格的管理和控制。在对海洋公园内的沙滩海岸、岩礁带、湿地和森林生态系统进行保育的基础上，建立流域复合生态系统，保护和新建多样性的海洋生境，能极大地丰富海洋公园内的海洋景观类型，为各类海洋生物提供了多样化的栖息空间，将显著提升觉华岛国家级海洋公园的生态承载力以及综合生态效益。

五 代表性资源

（一）动物资源

 菲律宾蛤仔

学　　名	*Ruditapes philippinarum*
中文别称	菲律宾帘蛤、杂色蛤、花蛤
分类地位	软体动物门双壳纲帘蛤目帘蛤科蛤仔属
自然分布	在我国北起辽宁沿海，南至广东、香港沿海均有分布

菲律宾蛤仔

菲律宾蛤仔壳卵圆形，较薄。壳表面细密的放射线与生长线相交成网状，花纹变化极大。壳顶稍突出，前端尖细，略向前弯曲。由壳顶到壳前端的距离约等于壳全长的 1/3。壳内面多为灰白色或者浅黄色。铰合部较长，其腹缘略弯曲。外套窦肌痕浅。

出、入水管有一部分愈合，出水管在末端分叉。

栖息于潮间带至水深约 20 米的泥沙质海底。

（二）植物资源

▶ 菩提树

学　　名	*Ficus religiosa*
中文别称	思维树
分类地位	被子植物门双子叶植物纲荨麻目桑科榕属
自然分布	在我国分布于广东、广西、云南等地，多为栽培

菩提树为大乔木，幼时附生于其他树上。成株高 15 ~ 25 米，胸径 30 ~ 50 厘米。树皮灰色，平滑或微具纵纹，冠幅广展。小枝灰褐色，幼时被微柔毛。叶长 9 ~ 17 厘米，宽 8 ~ 12 厘米，表面深绿色、光亮，背面绿色；先端骤尖，顶部延伸为尾状，尾尖长 2 ~ 5 厘米，基部宽截形至浅心形，全缘或为波状，基生叶脉三出，侧脉 5 ~ 7 对；叶柄纤细，有关节，与叶片等长或长于叶片；托叶小，卵形，先端急尖。

花期为 3 ~ 4 月。总花梗长 4 ~ 9 毫米。雄花、瘿花和雌花生于同一榕果内壁。果期为 5 ~ 6 月。果球形或扁球形，直径 1 ~ 1.5 厘米，成熟时红色，光滑。

菩提树

（三）旅游资源

▶ **四大浴场**

城子里浴场

觉华岛上有龙脖子、城子里、南海、山南四大浴场。龙脖子浴场位于觉华岛北岸，与觉华岛码头、古城遗址相连，游客进入方便，自然条件良好；城子里浴场也位于觉华岛北岸，沙滩狭长，正对磨盘山岛；南海浴场位于觉华岛腰部靠南的海岸，地势平坦，沙质良好，夏季游人多聚于此；山南浴场位于觉华岛最南端的一个山坳中，两侧皆为礁石、悬崖，景色秀美。

▶ **历史人文景观**

觉华岛曾被誉为"北方佛岛"，佛教文化是觉华岛的灵魂。早在辽代，觉华岛就已经是一个远近闻名的佛教圣地。辽代以崇尚佛教著称，当时著名的学问僧司空大师就曾居住在觉华岛上，并在岛上修建了大龙宫寺。大龙宫寺建成后成为辽代的佛教中心，当地人有"南有普陀山，北有觉华岛"之说。岛上佛教名胜古迹众多，著名的有大龙宫寺、大悲阁、海云寺、石佛寺、八角井、观音像、朝阳寺、普门寺、峰塔寺等。如今的觉华岛，整合了原有的佛教旅游资源与岛上的自然景观，形成了一个动静结合、具有文化和景观特色的海岸景观旅游区，力求重现"北方佛岛，生态仙都"的风采。游览区内设计了"觉华八景"，即天街迎客、城垣怀古、山水静心、云顶净身、梵宫泽道、山海汇智、渔舟唱晚、海上生莲。这八景的布局也体现出了设计者的匠心，从天街迎客开始，伴随着游览的一步步深入，游客们渐入佛境，经历了从参佛到悟佛，再到听佛，最终拜佛的过程。

觉华岛上还有唐王洞、龙头古城、屯粮城遗址、城子里古城、衙署遗址等古迹，供游客凭吊怀古。

六 历史人文

（一）历史遗址

> ▶ 龙宫寺遗址

据史料记载，大龙宫寺为辽代圆融大师所建，毁于元朝兵燹。龙寺宫遗址位于觉华岛的东南海岸高台上，遗迹清晰可见。龙宫寺大殿的墙基轮廓清楚，尚存1米左右方形墙基石、台阶石和直径约1米的圆柱形础石等，附近还散露着大量辽代大沟砖、

龙宫寺遗址

布纹瓦及陶瓷残片等。1999年，兴城市人民政府将恢复重建大龙宫寺作为本市的旅游开发项目，并得到辽宁省人民政府的批准。2002年，大龙宫寺得以重建。今天的大龙宫寺占地面积5 596平方米，建筑面积1 573平方米。

▶ 大悲阁遗址

在辽金时期，觉华岛是闻名遐迩的佛教圣地，是中国北方佛岛。大悲阁就是觉华岛上最早一批修建的佛教寺院之一。觉华岛上由辽国圆融大师先修建了大龙宫寺，然后又修建了观音菩萨寺——大悲阁。后因战乱等原因，大悲阁逐渐荒废。

明正统八年（1443），焦礼（1382—1463）镇守宁远卫。他眺望觉华岛的时候，看到了岛上有高塔耸立，断定岛上必有古刹，便发愿要到觉华岛上礼佛，但一直未践行。天顺元年（1457）二月，明英宗封焦礼为东宁伯，食禄1 200石，允许子孙世袭；同年六月，加封焦礼奉天翊卫武臣、特进荣禄大夫、柱国，赐世袭诰券。焦礼又想去觉华岛礼佛，但觉得海浪汹涌，无法轻易驾船渡海上岛。这年冬天，海面结冻。焦礼派人登岛查看，果有古迹。但因为年代久远，当时的大龙宫寺已剩残庙一座，佛像残损，碑文脱落，令人唏嘘不已。在焦礼的组织下，由宁远卫大小官员出资，在距大龙宫寺原址北40米左右高台上，重修"五脊六兽大悲阁一座，塑千手千眼观世音一尊"，并立《重修大悲阁记》石碑一座。工程于天顺四年（1460）完工。如今，大悲阁已经不复存在了，仅存遗址和一方碑。大悲阁遗址为葫芦岛市文物保护单位。

（二）历史故事

▶ 觉华岛之战

觉华岛之战发端于努尔哈赤（1559—1626）"意外"地兵败宁远城。努尔哈赤自从25岁开始征伐以来，一路战无不胜，攻无不克，被人们称为天命汗。但是宁远城袁崇焕守军的顽强抵抗让他第一次尝到了失败的味道，这种挫折感转化成了努尔哈赤的一腔怒火，他决定以攻泄愤。承受这雷霆之怒的正是觉华岛。明天启六年（1626），努尔哈赤派将领率兵偷袭觉华岛。海洋本来是觉华岛天然的屏障，但当时正值寒冬，海面冰封，努尔哈赤凭借天时率领后金骑兵一路踏冰而来。这大大出乎明军的意料。觉华岛上的守军为了抵抗骑兵的冲阵，沿岛凿开了一道长达15里的冰濠。然而，天气严寒，被凿开的冰面很快又被寒风冻合。相较于排山倒海的后金骑兵，觉华岛上的守军人数明显处于劣势，部队构成上又大多是水兵，缺少抵抗骑兵的盔甲和兵器，加上之前夜以继日的凿冰已经让守军们苦不堪言，在与后金

努尔哈赤画像

骑兵正面交锋的战场上，觉华岛的守军们虽然拼死抵抗，但最终还是惨败给了后金兵。大获全胜的后金兵示威般地点燃了岛上的粮仓，被鲜血染红的冰面上一时火光冲天。在今觉华岛西北端的龙头古城遗址，夯土筑成的围墙至今犹存，是明代海运泊船屯粮驻军的地方，为葫芦岛市级文物保护单位。

▶ 辽代名僧与觉华岛

圆融大师（953—?），僧名觉华，原为五台山僧人。18岁时，他拜圣华大师为师，是其得意门徒。曾云游辽南京（今北京）奉福寺修行弘法。后又到辽上京（今内蒙古巴林左旗东南）天雄寺弘法，被辽圣宗封为守太师兼待中。他与圣宗有较多接触，深得圣宗敬重，被尊为"圆融大师"。契丹统和十二年（994），辽圣宗派圆融大师到严州兴城县治所的海岛上建寺兴佛。圆融大师进岛以后，与众僧一道修建大龙宫寺。圆融大师作为"拓岛先师"，传承佛法，名扬全国，进而成为一代宗师，辽圣宗以师

待之。景福元年（1031），耶律宗贞即位，是为辽兴宗。他久闻圆融大师乃先帝之师，且使觉华岛之佛事兴盛，对其也尤为敬重，于是降旨诏见其进京，以圆融大师为帝师，并封其为"渤海佛主"。

海山大师（约979—1065），俗家姓名郎思孝，曾任大龙宫寺第二任住持、海云寺首任住持。海山大师是辽代学问僧的杰出代表、辽兴宗时期重要的佛教思想家，被誉为"辽代第一流高僧"。他早年受过良好的儒学教育，考中进士，后又出家为僧。作为辽代华严宗的主要代表，海山大师著有《大华严经玄谈钞逐难科》1卷，是为唐代名僧澄观《华严经疏玄谈》一书所作科判；还撰写《大华严经修慈分疏》2卷、《略钞》1卷，分别为对唐提云译的《大方广佛华严经修慈分》所做的注释和科判。海山大师在精研《华严经》的同时，也精研密宗，撰《八大菩萨曼陀罗经疏》2卷、《科》1卷，还有《一切佛菩萨名集》25卷。

辽兴宗景福元年（1031），海山大师接任圆融大师成为大龙宫寺第二任住持。海云寺是圆融大师让海山大师"另立门户"所建。海山大师不负师傅所望，使海云寺成为辽代著名寺院。海云寺具有大乘小乘兼容、显密圆通的特征，是名僧辈出的寺院。据说，海山大师开坛讲经传法时，"常常座位不足，站立者摩肩接踵；海鸥敛翼而倾听，波涛蹑足而屏息"。海山大师给觉华岛的佛学文化带来了空前繁荣，他因其精通佛学而名闻天下。

《辽东行部志》载："当辽兴宗时，尊崇佛教，自国主以下，亲王贵族皆师事之（指海山大师），赏赐大师号，曰崇禄大夫、守司空、辅国大师。"辽兴宗重熙十七年（1048），海山大师奉命到南京（今北京）附近的缙云山缙阳寺做住持。在辽代皇帝中，辽道宗最为尊崇佛教。他对名动天下的海山大师尤为恩崇和礼遇。辽道宗登基后不久，就遵太后之命派北院同知密枢副使耶律乙辛、新科状元张孝杰会同海山大师等在锦州临海军选择净土肇建佛舍利塔。辽道宗清宁十年（1064）四月初八佛诞日，在锦州临海军举行佛舍利塔落成典礼和佛像开光、浴佛法会。当时，崇圣皇太后萧挞里、辽道宗、皇后萧观音等皇室成员，南、北两院大臣都参加。参加法会的高僧大德，以为海山大师首。

辽道宗咸雍元年（1065），海山大师圆寂，其骨灵葬于海云寺下院空通山悟寂院思孝灵骨塔（即兴城白塔峪塔）。

妙行大师（1023—1100），僧名志智，字普济，俗姓萧，契丹人，为海云寺第二任住持。妙行大师身份显赫，为国舅、大丞相、晋国王萧思穆家族成员。他童年时便崇信佛教。后来，他在辽兴宗妹秦越国长公主所荐下，于辽兴宗重熙十三年（1044）登上觉华岛，住于海云寺，跟研习佛法；并于重熙十五年（1046），经辽兴宗正式批准受戒出家。他跟海山大师一直潜心佛道，成绩显著，成为辽国著名的华严宗高僧。辽道宗清宁五年（1059），辽道宗巡幸燕京，秦越国大长公主（即上文的秦越国长公主）奏请皇帝，愿舍其宅为妙行大师建寺。但不久后，秦越国大长公主世。皇后萧观音（秦越国大长公主女）为母还愿，施钱13万贯助妙行大师建寺，辽道宗也资助钱5万贯，敕令宣政殿学士王行己负责监造。辽道宗御题寺额"大昊天寺"。不料，辽道宗咸雍三年（1067）一次失火，大昊天寺被烧得一干二净。后又重建。重建后的大昊天寺以其宏大壮丽，傲居于南京诸刹之冠。妙行大师成为大昊天寺的第一代住持。辽道宗寿昌六年（1100），妙行大师圆寂。

（三）民间传说

▶ 八角井的传说

觉华岛中部的小山凹处有一口井，其四周用长条石砌成八角形。砌筑的井壁约高11米。人工砌筑井壁以下，在岩石上往下凿了7米深，略呈瓮状。上井口直径2.4米，井下椭圆形部分最大直径4米，人称"八

八角井

角井"；因原井台上曾建有琉璃瓦井亭，又称"八角琉璃井"。八角井是一口淡水井，在汪洋大海咸水地带的包围中，觉华岛中独存此一泉淡水，而且无论旱涝，井水水位始终不变。据传，辽代圆融大师上岛后，试图在岛上寻找修建寺庙的地点。在圆融大师巡游全岛时，看到这处有一泉眼不断上涌，但却并不外流，而是始终停在一个水位。他大为震惊，于是在此挖井。也有传说是海里的龙王受到了感召，为了引导圆融大师在岛上弘扬佛法，遂指引圆融大师在此挖井，所以千百年来这口泉眼依然喷涌不断。八角井的泉水多年以来完全可以供给大龙宫寺的一切用水，僧人们在井边还栽种着一颗高数十米的菩提树。菩提树对于佛教有特殊的意义，因为传说佛祖释迦牟尼是在菩提树下观想七天七夜之后大彻大悟，修炼成佛陀。佛教信徒相信菩提树可以帮助人们实现自己的愿望，许多的信徒常常向菩提树祈祷，并且经常为菩提树浇水。为了保证愿望的实现，人们会围绕菩提树的树干绕线绳。如果看到菩提树上缠绕着一圈圈线绳时，就代表这里有信徒们在祈祷。有一种神奇的现象是，夏天在菩提树的树荫下会感觉凉爽，而冬天在菩提树的树荫下会感觉温暖。觉华岛上的这颗菩提树，历经千百年，一些树根在井壁上缠绕，无论风吹雨打，多年以来井体没有丝毫损毁，这也是觉华岛最有价值的原生态古迹之一。

▶ 唐王洞的传说

在觉华岛上有一个唐王洞，原名藏王洞。据传在战国时期，燕太子丹（？—前226）一手谋划的荆轲刺秦王失败之后，为了躲避秦王的追杀，他逃到了大海山（今觉华岛）。太子丹走遍了海岛，竟然没有发现一个可供躲藏的地方。面对喜怒无常的大海和穷追不舍的官兵，太子丹以为自己只能绝命于此。当他失魂落魄地走到海边时，他惊喜地发现这里有一个小山

唐王洞

洞。可当他接近时，才发现这个山洞太小了，根本无法容纳一个人躲藏其中。太子丹经历了绝望和希望的交替。就在太子丹无法抑制地哭泣时，他的眼泪渗入土地，满山的白色桃花都变成了血红色，小山洞也突然裂开了。太子丹没时间多想，立刻钻进洞里。在他进去之后，洞口立刻恢复原样。当秦国将领带领士兵地毯式地搜索了大海山之后，竟然丝毫没有发现太子丹踪迹。当找到海边的洞穴时，他们发现这里不可能藏人，只好两手空空的回去复命。当天色渐晚，太子丹从变大的洞口走出来。后来，这个山洞被当地人命名为"藏王洞"。

时光飞逝，几百年后，唐太宗李世民（598—649）东征，船只因大雾迷失在桃花岛（今觉华岛）附近，他只好和随从们一起上岛。随即岛上下起了大雨，无处躲藏的唐太宗来到了藏王洞。亲信告诉他："这就是太子丹当年藏身的山洞。"唐太宗伤感地说道："难道这个山洞能容纳一个亡国的太子，却不能容忍一个贤明的君主避一避雨？"话音刚落，山洞就打开了，唐太宗在山洞里等到大雨停歇、浓雾散尽，顺利地离开了觉华岛。在此之后，这个山洞即改名为"唐王洞"，流传至今。

传说毕竟是传说，经文物部门考证，唐王洞为辽代人工砌造的地下通道。通道长达100余米，洞壁由巨型石板和石块砌成。口径平均1米左右，略呈方形。

唐太宗画像

 七 保护区管理

　　2015 年 1 月，经觉华岛旅游度假区管委会主任办公会通过，组建了觉华岛国家级海洋特别保护区综合管理局。机构为管委会内设机构，由管委会各局办、街道办事处人员兼职，编制为 15 人。管理局成立后，制定了《觉华岛国家级海洋公园特别保护区管理办法》《觉华岛国家级海洋公园开发建设管理制度》等规章制度，聘请国家海洋环境监测中心编制了《觉华岛国家级海洋公园总体规划》，并严格遵照执行。管理局委派专人对海洋公园内重点区域进行管护，每月巡视不少于 4 次，并填写巡护记录。为加强对保护区海洋环境的动态监测管理，葫芦岛市海洋渔业环境监测站也上岛对吴屯生活污水排污口和海洋公园海域进行了定期监测，并将监测结果发布在年度葫芦岛市近岸海域海洋环境监测报告中。

辽宁绥中碣石国家级海洋公园

LIAONING SUIZHONG JIESHI GUOJIAJI HAIYANG GONGYUAN

一 保护区名片

地理位置	地处辽宁省西南端，南临渤海
地理坐标	39°54′N ~ 40°03′N，119°52′E ~ 120°02′E
级别	国家级
批建时间	2014 年 12 月
面积	总面积 146.34 平方千米（陆域面积 2.91 平方千米，海域面积 143.43 平方千米）
保护对象	岩礁生态系统、原生沙质海岸和岛礁景观和海洋生物多样性
关键词	岩礁生态系统、原生沙质海岸、碣石秦汉遗址群、姜女坟

二 保护区概况

辽宁绥中碣石国家级海洋公园总面积 146.34 平方千米。其中，重点保护区 11.18 平方千米，生态与资源恢复区 53.03 平方千米，适度利用区 54.21 平方千米，预留区 27.92 平方千米。

辽宁绥中碣石国家级海洋公园位于辽东湾西南侧芷锚湾一带，海岸线长 15.29 千米，集沙滩、海湾、岛礁、海水于一体，是渤海重要的滨海湿地、岛礁和海湾生态系统之一。海洋公园内原生沙质海岸结构较为完整、自然，

辽宁绥中碣石国家级海洋公园

为我国北方所罕见。保护区内有渤海海域内少有岩礁生态系统，并形成
有碣石（姜女坟）、龙门礁、吊龙蛋礁等奇特景观。保护区内海洋生物
多样性也较为丰富。

此外，辽宁绥中碣石国家级海洋公园内的碣石秦汉遗址群是我国
发掘较早的古建筑群之一，已列入国家级文物保护单位和国家级旅游
景区。

三 功能分区图

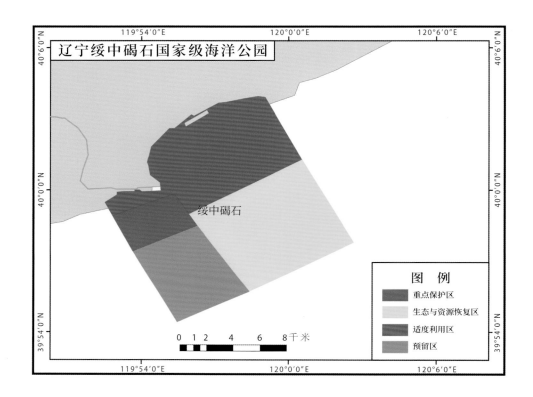

四 生态环境

　　辽宁绥中碣石国家级海洋公园所在的止锚湾沿岸区域为典型的滨海湿地生态系统。该系统以潮间带沙滩为基底，海岸类型属于堆积平原沙质海岸。该类型海岸为陆域入海河流携带泥沙，复经波浪作用而形成的庞大海岸堆积客体，由陆向海依次分布为平原、沿岸沙堤、海滩、沙嘴、水下沙堤等若干地貌。这些地貌景观独具特色，具有典型性、原生性和多样性，是环渤海地区重要的自然资源。

绥中止锚湾滨海湿地生态系统是以潮间带沙滩为基底的生态系统。辽东湾西岸从北部的兴城到南部的秦皇岛大多为沙质海岸，只有绥中止锚湾近岸点缀有若干岛礁。这些岛礁的存在，提高了生态系统非生物物质环境的多样性，为栖居

止锚湾

其中的生物提供了更复杂、更立体化的栖息环境，有力地增加了该海域的物种多样性。岩礁区海底栖息的大量仿刺参就是该海域岛礁重要生态价值的体现。除了为生物提供栖息环境外，止锚湾海域的岛礁造型独特，吸引人们到此观光游览。

代表性资源

（一）旅游资源

辽宁绥中碣石国家级海洋公园拥有漫长的原生沙质海岸和岛礁景观，近岸海域滩缓沙软、海水洁净，碣石秦汉遗址群具有极高的历史价值和文化价值。这里秀丽的自然风光、丰富的人文景观，构成吸引海内外游客的"亮点"。

辽宁绥中碣石国家级海洋公园是典型的特殊海洋生态景观分布区，海、滩、岛礁、湾、海洋生物、历史遗迹等资源齐全，生物资源价值特殊性和历史人文资源价值显著，存在着原生沙质海岸生态系统、岛屿生态系统、滨海植被生态系统。国家一级标准的大气环境质量、开阔的海面、幽静的海湾、柔软的沙滩、奇特的岛礁、悠久的历史、朴实的渔家风情等为创造多变的旅游体验提供了丰富的旅游资源。

每年季节交替的初一或十五，在辽宁绥中碣石国家级海洋公园的海岸边还可能有

幸看到"落干潮"奇景。"落干潮"的时候，碣石附近的海域会裸露出部分海床，会形成从岸边直通碣石的甬道，景象神奇壮观。海床上还会有许多鱼、虾、蛏子、扇贝等水产。每当"落干潮"时，赶海的人非常多，一边欣赏美景一边捡拾海货。

六 历史人文

（一）历史遗址

▶ 碣石秦汉遗址群

碣石秦汉遗址群位于葫芦岛市绥中县万家镇的止锚湾海滨。该遗址群包括了 6 处大型宫殿遗址，分别位于石碑地、黑山头、瓦子地、金丝屯、红石砬子和周家南山。碣石秦汉遗址群总面积达 15 万平方米，南北长 4 千米，东西沿海岸 3.5 千米。1988 年，碣石秦汉遗址群被列为全国重点文物保护单位。

位于石碑地的碣石宫遗址是 6 处遗址中最大的。有专家考证，碣石宫是当年秦始

碣石宫遗址

皇（前259—前210）东临碣石的驻扎之地，也是遗址群的主体建筑。有专家把碣石宫与秦始皇陵、阿房宫并称为"秦代三大工程"。碣石宫背山面海，中轴线南端正对着海中的巨石（姜女坟），背靠巍峨连绵的燕山山脉，山上还有逶迤起伏的长城，给人以特殊的安全感。碣石宫整体为长方形布局，南北长约500米，东西宽约300米。宫殿四周被夯土墙环绕，墙基宽2.8米，墙壁陡直。宫殿的主体建筑靠近海岸线，从遗留下来的夯土台来看，应该是一个规模宏伟的高台多级建筑。宫殿两侧有角楼，后面还有庞大的建筑群。行走其间，遗址中的大小居室、排水系统、粮储系统等都清晰可见，可称得上"五步一楼，十步一阁"。如此规模的建筑群，在当时的中国，除了秦朝首都咸阳之外是很罕见的。

瓦当是中国古代建筑中常见的要素。它覆盖在建筑檐头筒瓦的前端，便于屋顶漏水，起着保护檐头的作用。瓦当在古代匠人们的手中也常常被雕刻上各种祥瑞的图案，在实用的同时，又增加了建筑的美观。碣石秦汉遗址中发现的大瓦当，可以称得上是当时的"瓦当之王"了。

碣石秦汉遗址群出土的秦代瓦当
（辽宁省文物考古研究所藏）

在对遗址群的发掘过程中，大瓦当的出土令考古界瞩目。在碣石秦汉遗址群中，挖掘出的高浮雕夔纹巨瓦当，当面径长52厘米，高37厘米，瓦当上的纹饰线条流畅，风格古朴典雅。如此大而精美的瓦当实属罕见。类似的瓦当仅在秦始皇陵区中出土过一件，是秦始皇专用的建筑材料。另外，遗址群中还出了大量的汉砖和云纹瓦当。其中，"千秋万岁"大瓦当也是汉代帝王们宫殿的专属建材。有专家推断，此处应是当年秦始皇东巡的一处行宫，并且延续至汉代，是汉武帝（前156—前87）东巡观海的"汉武台"所在地。从这些大瓦当中可以想见，2 000多年前这里宫殿的磅礴大气。

（二）民间传说

▶ **姜女坟**

在绥中县万家镇的南边，大海里矗立着3块高耸的大礁石，被人称作姜女坟。其中的"姜女"，也就是传说中的孟姜女。

孟姜女从小就生得花容月貌，和丈夫范喜良刚结婚，范喜良就被秦始皇征徭役去修长城。范喜良这一走就是几个春秋，孟姜女实在思念丈夫，就独自一人背着衣物和干粮北上寻夫。孟姜女不知道吃了多少苦，终于历尽万难来到了长城修筑地，却只看到了累累白骨。在这成堆的白骨中，孟姜女分辨不出哪具才是夫君的尸骨。想着新婚被迫分离，历尽艰险之后的天人永隔，孟姜女悲从中来，放声大哭。她连着哭了几天几夜都没有停歇，竟然把长城哭倒了10多里。她在倒塌的城墙中找到了丈夫的尸骨，这就要带着丈夫的尸骨回家安葬。长城坍塌这么大的事故，惊动了当时正在巡视的秦始皇。秦始皇立刻命人将孟姜女抓来。没想到孟姜女在路上受了这么多罪，还连哭了几日，依旧难以掩盖她清秀相貌和独特气质。秦始皇当时就被她吸引了，想要带她回咸阳，但孟姜女宁死不从。秦始皇便说："你只要愿意跟我回去，什么条件都可以考虑。"

孟姜女雕像

孟姜女想了一阵，提了3个条件："第一，得给我丈夫立碑、修坟，用檀木棺椁装殓；第二，你要和文武百官为我丈夫披麻戴孝送葬；第三，我要在这里待7天才走。"秦始皇一听，让他万金之躯为一个升斗小民披麻戴孝，当时就怒气冲冲地拒绝了。孟姜女说："那就没

姜女坟

什么好说的了。"秦始皇想了想还是妥协了，立即为范喜良办了葬礼，文武百官也披麻戴孝立于道路两旁。孟姜女抱着丈夫的尸骨往海边走去，就在这时，临岸的海水分开了。众人正震惊于这一奇景，孟姜女猛地回头对秦始皇大喊："你这昏君！我和夫君生生世世在一处，也绝不让你沾染分毫。"说着，她纵身跳入大海。后来，人们为了纪念孟姜女，就把她跳海处附近的这3座礁石称为姜女坟。

还有传说称，孟姜女的故事被海里的龙女知道了。这个龙女是东海龙王的小女儿，在还未出生的时候，就因着东海龙王和另一条老龙的关系亲密，在怀孕的时候就约定：如果是两个女儿，就结为姐妹；如果是两个儿子，就结拜兄弟；如果正好一男一女，就结为夫妻。龙女出生时，老龙的妻子也产下了一只小黑龙，两条小龙从小一起长大，也早已情投意合，就等来日完婚。小黑龙每年都会寻一颗金珠给龙女，亲手给她编成项链，在龙女16岁这年送给她当定情信物。可日子长了，东海龙王觉得将女儿嫁给老龙的儿子还不如将女儿嫁到南海去，还能促进海域间的交流，索性私下里瞒着别人

149

和南海龙王定了亲。南海传信过来说要择日完婚，龙女和小黑龙又惊又怒，商量了一下，两个人决定私奔，找一个远离海域的深潭共度一生。没想到两人还没跑出多远，就被东海龙王给发现了。东海龙王立刻派人将两人抓了回去，将小黑龙锁在镇龙石上，把龙女囚禁在东海岸边，让两个人相隔不远却不能相见。

被囚禁在海里的龙女听到了孟姜女的爱情故事，悲从中来，也被孟姜女抱夫寻死的感情所感动。她想："既然人间的女子为了爱情都能这样奋不顾身，那我和小黑龙的故事又有谁知道呢？我既然不能嫁给小黑龙，那我宁愿效仿孟姜女，至少让人们永远的记住。"于是，龙女将小黑龙送给她的项链甩出海面。16颗金珠化作了16块礁石，16块礁石又渐渐变成了3块巨大的礁石，龙女将自己的灵魂附在上面，日夜眺望着小黑龙的方向。

保护区管理

（一）机构设置和规章制度

辽宁绥中碣石国家级海洋公园管理中心于2014年5月26日经绥中县人民政府批准成立，为副科级建制，编制为7人。其中，行政管理人员2人、技术人员5名。

海洋公园制定了部门职责、岗位职责、游客服务、安全保卫、经营管理、现场事务、行政管理、日常管护、游客中心管理、应急预案等多类规章制度。

（二）日常巡护和监测

海洋公园管理处组建了由综合执法和资源管理科工作人员组成的海洋公园日常管护巡逻队，定期开展公园巡护工作，并做好记录、存档，形成月报、年报制度。值班，定期巡护，目前为止未发现一起破坏海洋公园生态环境违法行为。

海洋公园成立后，管理中心协调秦皇岛开发区国土局对其建港施工海域（临近海洋公园）进行监测，监测站位就设在海洋公园内。监测项目为海洋公园内海水水质、沉积物、海洋生物情况进行监测，投入资金100万元，布设站位20个，从每年的4～11月开展监测工作。

（三）科普宣传

海洋公园管理处出动宣传车在社区、渔港等场所开展了宣传工作。充分利用新闻媒体，广泛宣传海洋事业的发展、海洋生态环境和海洋保护区保护的重要意义，提高公众和企业的海洋生态环境的保护意识，增强公众和企业的社会责任感，营造热爱海洋、保护海洋的良好社会氛围，逐步推进海洋生态环境保护工作。以海洋生态环境保护为主线，突出海洋保护区建设的必要性和紧迫性；以海洋环境生态修复项目为起点，逐步修复、恢复海洋生物土著种群。宣传片、报纸宣传专栏等工作正在进行中。

（四）监督管理

海洋公园开发利用及活动的监督管理由管理处开发监督科主抓，严把项目审批关，加大监督和执法力度，一切以不破坏保护区生态环境和保护目标为前提，负起责任，履行义务，坚决杜绝违法审批现象。

（五）保护工作

利用蓬莱19-3油田溢油事故赔偿款项目资金对8.5千米岸滩进行了修复。该海域水质监测要素在正常范围内波动；沉积物颗粒细，维持良好状态；海洋生态群落结构未发现异常。随着近几年保护力度的加大，原生沙质海岸得到了有效保护，未遭到较大破坏，总体情况良好。保护区内有6个岛礁，岛礁生态系统经过近几年的保护、海洋的自然恢复结合人工修复后，生态群落也基本趋于稳定。海洋生物多样性得以恢复，保护区海洋生物群落结构良好，群落结构建康。

北戴河国家级海洋公园

BEIDAIHE GUOJIAJI HAIYANG GONGYUAN

 一 **保护区名片**

地理位置	位于河北省秦皇岛市北戴河区东部沿海地区
地理坐标	39°45'56.503"N ~ 39°53'10.361"N，119°26'31.370"E ~ 119°36'20.941"E
级别	国家级
批建时间	2016 年 12 月
面积	102.15 平方千米
保护对象	海洋生态环境、自然景观、近岸流域湿地、珍稀鸟类动物资源以及海域国家级水产种质资源的保护管理
关键词	北戴河海洋景观生态系统、观鸟胜地、天然氧吧
资源数据	作为"天然氧吧"，每立方厘米空气中负氧离子最高达到 15 000 个；保护区内共发现鸟类 450 余种

北戴河国家级海洋公园

 保护区概况

北戴河区内海域面积共为 221.24 平方千米，海岸线全长 21.24 千米，海域广阔。北戴河国家级海洋公园的建成，不仅有效地保护了当地的海岸生态环境与自然景观，而且还加强了秦皇岛海域国家级水产种质资源保护区的管理，包括禁止围海填海、设置直排排污口、截断洄游通道等，既使北戴河所辖海域有序地开展了岸线、沙滩等重要旅游资源的建设与保护，又使得北戴河国家级海洋公园内的自然风景名胜资源得到更完善的管理、保护。北戴河国家级海洋公园拥有着海洋、湿地等非常重要的生态环境系统以及几十处美丽的自然景观。作为"天然氧吧"，其每立方厘米的空气中之负氧离子量是一般地区含量的 20 倍左右。北戴河国家级海洋公园是世界闻名的观鸟胜地，已发现的鸟类有 450 余种。

北戴河海滩

三 功能分区图

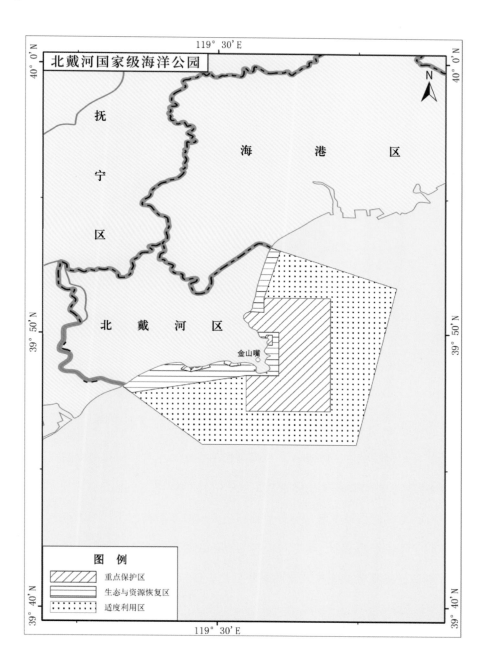

四 代表性资源

（一）动物资源

 丹顶鹤

丹顶鹤

学　　名	*Grus japonensis*
中文别称	仙鹤、红冠鹤
分类地位	脊索动物门鸟纲鹤形目鹤科鹤属
自然分布	在我国主要繁殖于内蒙古东部、黑龙江、吉林、辽宁，迁徙途中的停歇地有黑龙江、吉林、辽宁、河北、河南和山东，越冬地主要集中在江苏盐城和山东黄河三角洲地区

　　丹顶鹤是一种濒危的大型涉禽，平均体长 160 厘米左右，而其两翼的翼展则达到了 240 厘米左右。丹顶鹤的平均体重为 7 000 ~ 10 000 克。全身大部分为纯白色。头顶不仅没有羽毛覆盖，且呈现为显著的鲜红色。次级飞羽和三级飞羽为黑色。颈与足在身体中属于比较长的部分，喉、颈、脚为黑色。幼鸟的头部、颈部呈现出一种极为明显的棕褐色，通常背部颜色较浅而腹部颜色较深。幼鸟成长至 10 个月之后，头部才会出现鲜红色。

丹顶鹤的栖息地会比较固定。丹顶鹤在休息时，会单腿挺立，头部则弯曲地插在自己的背部羽毛中间。丹顶鹤群主要是在 3 月初期离开过冬的地方而飞往其繁殖地区，途径北戴河国家级海洋公园的时候正好在 3 月末，最终在 4 月初到达东北地区。成鸟通常每年换羽毛次数为 2 次左右，属于完全换羽。在此时期的丹顶鹤会暂时地丧失飞行能力。丹顶鹤的食物多样化的，主要为虾、小鱼、水生软体动物，以及一些水生植物的叶、根、茎等。

丹顶鹤的生长繁育方式为一雄一雌制。其繁殖期为 4～6 月间，平均寿命多达 50 余年。4 月初时，丹顶鹤会成群结队的飞往它们的繁殖地进行占巢与交配。其选择通过鸣叫的方式求偶和占领属于自己的繁殖地。通常丹顶鹤在交配时节会呈现出一种非常奇特的场景，即雌雄二鸟之间互相大声鸣叫、舞蹈的胜景，声音亦是较为清澈明亮。而后，配对成功的丹顶鹤们会成双结对地将它们的巢穴建造在有着较高芦苇等水草群中。每一个丹顶鹤的巢穴中大致产卵 2 枚。卵带有灰色斑或紫灰混杂斑。雄鸟与雌鸟轮流孵卵，平均孵卵期为 30 天左右。

（二）旅游资源

北戴河国家级海洋公园内的北戴河风景区早在清光绪二十四年（1898）就被清朝政府开辟为避暑区。作为我国旅游业发展的"摇篮"，北戴河在 20 世纪 20 年代便已成为"中国著名四大避暑胜地"之一，被誉为"东亚避暑地之冠"，后于 1982 年时被国务院认定为首批国家级重点风景名胜区，可谓是声名在外。海洋公园拥有着海洋、湿地、森林 3 种重要生态系统及 40 余种自然景观群，包括超过 66 平方千米的森林与超过 0.03 平方千米的湿地。海洋公园有着良好的自然生态环境。春、秋二季的北戴河是众多候鸟的迁徙驿站，如珍稀鸟类动物白鹳及丹顶鹤便会在此觅食玩耍。

▶ 鸽子窝公园

　　鸽子窝公园，又称鹰角公园，地处于北戴河海滨的东北部地区，为河北省秦皇岛市四大名胜风景区之一，时现"浴日"美景。20 世纪 50 年代，毛泽东主席（1893—1976）曾经莅临北戴河鸽子窝公园处游览。面对这片美景，眺望着前方风景的毛主席赞不绝口，并在此创作出了一篇脍炙人口的词作——《浪淘沙·北戴河》。鸽子窝公园亦因此作之传诵而出名，现已成为北戴河国家级海洋公园的重要景观地之一。鸽子

鸽子窝公园

窝公园作为主要的旅游经典景点之一，最为吸引游客的景观项目便是观看日出。鸽子窝公园内，散养着600余只鸽子。一到每年的春、秋两个季节，又会出现其他许多种鸟类动物在鸽子窝公园翱翔、觅食、玩耍、游戏。因此，鸽子窝公园也被建设成为国家级的鸟类动物自然保护区。

鸽子窝公园总占地面积20多万平方米，是我国AAAA级旅游景区之一，这一景区囊括了三大著名的景点，即鸽子窝大潮坪、望海长廊、鸳鸯湖。其中，鸽子窝大潮坪是一处探查与欣赏现代海岸沉积的重要研究场所和景观，在此可观察到龟裂、雨痕、海浪波痕及生物洞穴等的特殊地质沉积构造，从而可以分析、破解出许多未知的古气候、古地理之谜。地处北部地区的鸽子窝大潮坪可谓是潮平且沙软，其上部较为狭小，所以在此处观看潮水景象是比较稀奇经典的。由于鸽子窝景区百草丛生，湿地众多，亦成为鸟类生物的主要迁徙地、栖息地，在此处看到的鸟类占我国可见鸟类的40%左右。而作为鸽子窝公园著名景点之一的望海长廊，其长大约70余米，"望海长廊"4个字是由国务院原副总理方毅（1916—1997）所题。廊中可以说是雕梁画栋，周围则由八角亭与方亭等各种造型的亭子所构成。廊中还绘有北戴河比较出名的24余种景观与200余个北戴河的民间传说故事，内容十分精彩有趣。鸳鸯湖景观原本是一片自然生成的海岸滩涂，且地势比较低。由于在1985年时，北戴河景区工作人员于此处修造了拦海的堤坝，使得涨潮时这里注入了大量的海水，而形成了如今的鸳鸯湖美景。

▶ 中海滩旅游景区

北戴河国家级海洋公园内有一处由老虎石景点为中心，涵盖各式各样的园林、奇楼如恐龙乐园等景点的非常著名的旅游景区——中海滩旅游景区。这个自然风景区可谓是依山傍海，绮丽多姿。北戴河的海水浴场多设置在中海滩旅游景区。该景区拥有着广阔的海域和富有光泽的细沙质沙滩，东至第七桥南路，西达平水桥，北由黑石路而南到渤海海岸，时常是海天一色，湛蓝多彩。每每遇到旅游旺季，中海滩旅游景区

中海滩旅游景区

内便聚集着大量游客在此观海度假。这里的海滩辽阔宽广，并且坡度较缓，海水水质亦是十分优良，现已成为国内绝佳的玩海胜地。

五 历史人文

（一）历史故事

 毛泽东与《浪淘沙·北戴河》

北戴河作为我国渤海湾上一颗耀眼的明珠，早在秦始皇东巡时便到此处留下过美丽的民间传说。众所周知，毛泽东主席平生酷爱游泳，曾经游过长江、湘江、珠江等我国著名的大江大河。事实上，毛主席也曾多次来到北戴河所处的海域中游泳。自1954年夏天开始，毛主席每日工作之余都会去到北戴河的西海边游泳，时常不惧怕海上的大风大浪，正如词中所写的"不管风吹浪打，胜似闲庭信步"。其实，毛主席平日里便时常对身边人谈起关于游泳的好处——不仅能强身健体，还可以锻炼自己的意志力，培养一种勇敢并且不怕困难的精神。1954 年 7 月底某天，正值闷热时候，毛主席刚看了一会儿文件便感觉困意袭来，于是便对警卫们说要去游泳。但当时一名警卫告诉毛主席说，当天天气预报说预计会有雷阵雨。但毛主席听过后反而说道，有风雨更好，更适合海中畅游。果然，当他们走到海边已是狂风大作，惊涛骇浪。面对这样波涛汹涌的大海，毛主席兴致勃勃，一直在海中与大海做斗争，直到雷阵雨停后才游回了岸边。次日，毛主席词兴大发，写下了名篇《浪淘沙·北戴河》：

大雨落幽燕，白浪滔天，秦皇岛外打鱼船。一片汪洋都不见，知向谁边？

往事越千年，魏武挥鞭，东临碣石有遗篇。萧瑟秋风今又是，换了人间。

《浪淘沙·北戴河》石刻

（二）民间传说

▶ **老虎石的传说**

老虎石

北戴河国家级海洋公园中重要景点之一便是老虎石。这一景点地处北戴河的中心地带，总占地总面积多达 3.3 万平方米。由于这一海域中有许多礁石的形状均类似老虎雄踞一方，因而得名"老虎石"。

传说秦始皇灭亡六国后曾经来到过了渤海边，妄图寻求长生不老的灵丹妙药。某一天，秦始皇走在有着许多海上仙山的渤海湾，突然间就遇到一座大山挡住了他的去路。于是，秦始皇拿起了驱山神鞭，并且开始愤怒地对着这突如其来的大山抽了三大鞭子。顿时，这座大山的山峰就让出了一条大道，而且被秦始皇劈开的山石也都朝着东北方向飞了过去。但性格暴躁的秦始皇并没有放弃鞭打这些飞走的碎石头，他骑着骏马穷追不舍，一直不停歇地追到了海岸边，才看见那些被他追逐的碎石头都忽然不见了，而眼前只有很多老虎在海边上嬉戏玩耍，甚至有一些老虎还朝着秦始皇狂奔过来。这使秦始皇感到惊恐不已，立刻掉转马头飞奔而走。等秦始皇跑走之后，这些活蹦乱跳的老虎居然又全都化作了渤海海湾中各种形状的礁石。而这些形态不一的礁石就是我们今天在北戴河国家级海洋公园看见的老虎石景点中的礁石。

六 保护区管理

北戴河国家级海洋公园作为重要的国家级海洋保护区之一，是由河北省秦皇岛市自然资源局负责成立的独立管理机构来开展日常的建设与管理工作。

根据河北省政府印发的《河北省海洋主体功能区规划》要求，北戴河国家级海洋公园不仅展开了相关海洋环境保护的专项执法工作，保证全年常态化执法，而且相继出台了北戴河近岸流域水环境综合治理方案，进行严格的海洋环境监管并强化海域的执法监督，从而推动了工业污染源全面达标排放且严格控制了当地的入海排污总量。这些举措有效地制止了保护区内的湿地面积减少与生态功能退化问题，加强了保护区的生态环境建设与保护。北戴河国家级海洋公园的重点保护区为金山嘴、新河口岸外海域及大石山礁群，重点保护该区域内的海洋生态系统和水文环境，通过禁止渔猎、养殖，禁止围海填海及建设人工构筑物，禁止废弃物倾倒以防海上污染等措施展开海洋生态环境整治和修复活动。生态与资源恢复区包括了小黑河口至新河口海岸带及近岸海域，重点则以浴场沙滩和近岸水动力环境为主要保护对象。通过以下主要措施进

行保护：统一管理现存的浴场开发利用活动以实现沙滩资源的保护和可持续性利用，开展沙滩整治与修复工作等。适度利用区主要包括了东山码头至金山嘴东部海岸及近岸海域，为开展观光及浴场开发利用活动的保护和开发区域，主要防护措施有：整合浴场开发活动来进行统一管理以维护沙滩资源的优化利用，加强游艇码头及其配套设施建设而推动海上观光项目，等等。

昌黎黄金海岸国家级自然保护区

CHANGLI HUANGJIN HAIAN GUOJIAJI ZIRAN BAOHUQU

昌黎黄金海岸国家级自然保护区

一 保护区名片

地理位置	位于河北省东北部秦皇岛市北戴河新区南部沿海
地理坐标	39°25'20.99"N ～ 39°37'24.37"N，119°11'37.80"E ～ 119°37'09.21"E
级别	国家级
批建时间	1990 年 9 月
面积	总面积 336.2 平方千米（陆域面积 91.5 平方千米，海域面积 208.5 平方千米）
保护对象	海岸自然景观及所在海区生态环境与资源，包括白氏文昌鱼、沙堤、沙丘、潟湖、鸟类、林带、海水等构成的沿岸海区生态系统
关键词	沙质海岸自然景观、综合生态系统保护区、文昌鱼栖息地
资源数据	动物资源有鸟类 380 种、桡足类浮游动物 53 种、游泳生物 78 种、浅海底栖动物 150 余种。植物资源，乔木主要有洋槐、刺槐、小叶杨、柳树；灌木以紫穗槐为主；草本植物主要有筛草、兴安天门冬、紫花合掌消等

 保护区概况

　　昌黎黄金海岸国家级自然保护区是经由国务院在 1990 年 9 月时批准建立的首批国家级海洋类自然保护区之一。保护区位于河北省东北部秦皇岛市北戴河新区南部沿海，隶属于河北省自然资源厅（海洋局）。保护区在初建时总面积达到 300 平方千米，其内设海域、陆域、潟湖 3 个核心区共 92 平方千米，又设海、陆两个缓冲区共 155 平方千米。其中，3 个实验区——沙丘林带实验区、河口湿地实验区、潟湖实验区的总面积为 52 平方千米。2015 年，经国务院批准，环保部门于 2016 年将保护区的总面积调整至 336.2 平方千米。总体上，保护区是研究海洋动力过程和海陆变化的典型海岸段，具有不可估量的科研价值、生态价值以及观赏价值。

　　昌黎黄金海岸国家级自然保护区是由海滩、沙丘、沙堤等构成的奇特的沙质海岸。这一海岸的沙砾分选性好，包含着许多海生贝壳碎片与微生物化石，存在如沿岸沙堤、沙质海滩、半固定型沙荒等特殊的地貌类型。保护区中的河流有如滦河、潮河等皆经过七里海潟湖汇入渤海海域，而北部的大蒲河、东沙河等重要河流亦是经由大蒲河口汇入海洋。保护区的近岸带潮汐多属于不正规的日潮和不正规的半日潮，且保护区内全年常属温带半湿润大陆性季风气候，春、夏二季多风多雨，冬天则干燥寒冷。

三 功能分区图

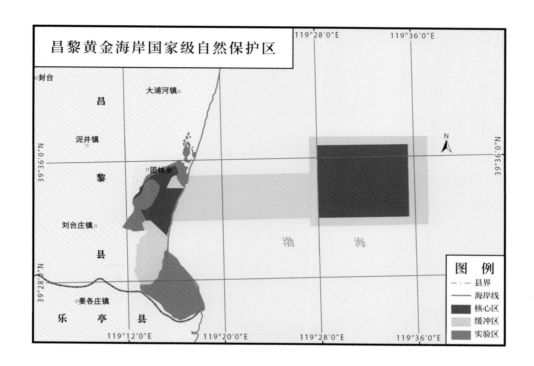

昌黎黄金海岸国家级自然保护区

图例
- -·- 县界
- ——— 海岸线
- ■ 核心区
- ▨ 缓冲区
- ▨ 实验区

四 生态环境

　　昌黎黄金海岸国家级自然保护区海域生态保护及陆域监测已开展了将近 20 年之久。长期的监测结果表示，保护区内水环境、文昌鱼等重要动植物栖息地、沉积环境与生物体污染物残留量之数据现皆呈现出比较良好的健康状态，总体的生态环境状况保持着稳定的态势。保护区内生态环境共有防护林带、七里海潟湖、海岸沙丘、滦河河口湿地、海域、海滩、文昌鱼等 7 种次级系统。金色的海滩绵延数十千米不绝；滦河三角洲的河汊是纵横交错，属于典型湿地环境。保护区地处候鸟迁徙带交界处，且

保护区内植被覆盖率较高，水域面积广阔，人口稀少，因此保护区内鸟类资源十分丰富，已发现的珍稀鸟类共有 19 目 62 科 380 种。其中，有黑嘴鸥等的珍稀鸟类动物，以及 60 多种国家级重点保护鸟类如白鹤、白尾海雕、大天鹅、丹顶鹤等。昌黎黄金海岸国家级自然保护区已成为全世界集研究与观赏为一体的鸟类动物资源的主要地区之一。

（一）海岸沙丘

海岸沙丘

海岸沙丘为昌黎黄金海岸国家级自然保护区的特色地貌类型之一，也是一种全世界罕见的海岸地貌奇景。保护区内的众多海岸沙丘均呈链状分布，长可达 40 千米，宽为 20 ~ 30 米。

（二）七里海潟湖

保护区内的七里海潟湖是我国现存的重要现代潟湖之一。它是由潟湖水体、湖中水生生物、水禽、候鸟等所构成的一种极为重要的潟湖生态系统。因其地处于陆海交界处的一个互相作用地带，所以其受

七里海潟湖

到了来自陆海动力变化及人类活动的很多影响，而成为研究、调查湿地形成、演变的实验基地。

七里海潟湖地处保护区中南部地区的沙丘带内一侧，东北部有潮汐通道，属于一种半开放式的潟湖。七里海潟湖的最高潮位可达到 2.05 米，最低潮位则为 0.53 米。七里海潟湖包含着湖盆、湖堤、湖滩等众多地形，还有一些如刘台沟、赵家港沟、泥井沟、刘坨沟等的季节性河流汇入潟湖中。七里海潟湖的植被多以芦苇群落为代表，它们大量分布于湖滩的近岸地区。如今，七里海潟湖与附近渔港建筑群及林带已成为水禽等附近鸟类的重要栖息地。

（三）滦河口湿地

滦河口湿地

　　滦河是我国华北地区的重要入海河流之一。滦河口湿地地处昌黎黄金海岸国家级自然保护区的南部地带，平均年降水量达 563.7 毫米。降水量是季节分配极不均匀，各月降雨量之间的差距明显。滦河河口湿地的沉积类型发育比较齐整，地形地貌的构成与众不同，被称为纯天然的地貌研究实验室，被认为具备较高的科研、调查、学术价值。滦河河口湿地中主要的鸟类群落有黑嘴鸥群落、燕鸥繁殖群落、黑尾鸥群落等，此处有红嘴鸥、白额燕鸥、红脚鹬、白腰鹬、赤颈鸭、斑嘴鸭、黑枕燕鸥、白尾海雕、白鹤、丹顶鹤、田鸡、麦鸡、戴胜、银鸥、灰沙燕等鸟类群落。滦河口湿地还有鱼类资源、甲壳类动物资源、软体动物资源、腔肠类动物资源和浮游类生物资源。昌黎县政府与昌黎黄金海岸国家级自然保护区严格遵照《拉姆萨尔公约》规定开展滦河河口湿地自然生态环境的保护工作，并尝试适度开展一些具有观赏性质的观鸟旅游活动。

 # 五 代表性资源

（一）动物资源

▶ 白氏文昌鱼

学　　名	*Branchiostoma belcheri*
中文别称	蛞蝓鱼、松担物、无头鱼、鳄鱼虫
分类地位	脊索动物门头索纲文昌鱼目文昌鱼科文昌鱼属
自然分布	在我国主要分布于福建厦门、漳州东山岛，山东烟台、青岛、日照，河北秦皇岛，广东汕头、阳江、茂名、湛江，广西北部湾一带等地沿海

白氏文昌鱼

　　白氏文昌鱼体延长，两端尖突，呈矛状。脊索延续，伸达体的前端。体半透明，有光泽，肌节和生殖腺清晰。吻突、口笠、背鳍、尾鳍、腹鳍及侧褶均透明。背部侧扁，腹面宽平，具二腹褶。吻端尖直，稍突出于口笠前方，与背鳍相连处有一凹缺。体的前端腹面上有一口笠，边缘具 37 ～ 45 只触手。随年龄而增加，触手上有感觉突起。口几正中位，具口须。眼不发达，仅为一黑色小斑。出水孔约位于体前 2/3 处。肛门左侧位，位于尾鳍下叶中央稍前方，几与尾鳍上叶起点相对。体侧具 "V" 字形

肌节 63 ~ 66 对，左右交叠。背鳍薄膜状，低而延长，向前延伸，与吻突相连，基部具长方形角质 263 ~ 293 枚鳍条，伸达尾端。尾鳍显明，上下叶较其他各鳍稍高，上叶较下叶稍短，下叶起点距出水孔与距下叶末端几相等。腹鳍低平，位于尾鳍下叶至出水孔之间，由 2 行鳍条支持，每行约 72 个。

白氏文昌鱼为暖水性和暖温性的近海小型脊索动物，栖息于粗松沙粒底质、水色澄清的浅海中。常钻在沙中，只前端伸出沙外，深度由低潮线附近直至深达 16 米处。

白氏文昌鱼雌雄异体型，一生均可繁殖 3 次，繁殖期为 5 ~ 7 月。通常产卵和受精都在夜晚进行，并在海中完成受精。其平均寿命可达 32 个月左右。

作为昌黎黄金海岸国家级自然保护区底栖动物中的优势种群，白氏文昌鱼常出没于该保护区的浅海 10 米处左右。昌黎黄金海岸国家级自然保护区中所辖海域为白氏文昌鱼在渤海海域的重要栖息地。据近期生态监测证明，该海域的白氏文昌鱼的平均栖息密度达到 186 个 / 平方米，种群生长状态较为良好，年龄结构亦处于合理水平。

白鹤

▶ 白鹤

学　　名	*Grus leucogeranus*
中文别称	修女鹤、西伯利亚鹤、黑袖鹤、雪鹤
分类地位	脊索动物门鸟纲鹤形目鹤科鹤属
自然分布	在我国分布于从东北到长江中下游地区

白鹤是一种大型的水鸟，身长可达 140 厘米，重逾 10 千克。幼鸟的头和颈呈金褐色，而身体的其他部分有褐色和白色的斑纹。成鸟除小翼羽、初级覆羽和初级飞羽为黑色，胸和前额鲜红色外，一般全身都是呈纯白色的。飞行时，颈和脚都会伸直，展开宽阔的翅膀并露出黑色的初级飞羽。虹膜棕黄色，嘴、脚暗红色。雄性的体型比雌性的稍大。

白鹤栖息于开阔平原沼泽草地、苔原沼泽和大的湖泊岩边及浅水沼泽地带。常单独、成对和成家族群活动，迁徙季节和冬节则常常集成数十只、甚至上百只的大群。主要以苦草、眼子菜、薹草、荸荠等植物的茎和块根为食，也吃水生植物的叶、嫩芽，以及少量软体动物、昆虫、甲壳动物等。

白鹤是迁徙鸟和越冬鸟，通过长距离的迁徙，在俄罗斯远东地区的萨哈（雅库特）共和国和西伯利亚西部进行繁殖。其东部的族群在我国的长江中下游过冬，中部族群在印度的凯奥拉德奥国家公园过冬，而西部的族群则在伊朗的马赞德兰和伊斯法罕过冬。

白鹤是单配制，5 月下旬到达营巢地。巢建在开阔沼泽的岸边，或周围水深 20 ～ 60 厘米有草的土墩上。巢简陋，主要材料是枯草。巢呈扁平形，中央略凹陷，高出水面 12 ～ 15 厘米，巢间距一般 10 ～ 20 千米。产卵期常与冰雪融化期一致，一般为 5 月下旬至 6 月中旬。每窝产卵 2 枚。卵呈暗橄榄色，钝端有大小不等的深褐色斑点。雌雄鹤交替孵卵，但以雌鹤为主。孵化期约为 27 天。雏鹤 70 ～ 75 日龄长出飞羽，90 日龄能够飞翔。

（二）植物资源

筛草

▶ **筛草**

学　　名	*Carex kobomugi*
中文别称	砂砧薹草、海米
分类地位	被子植物门单子叶植物纲莎草目莎草科薹草属
自然分布	在我国分布于黑龙江、辽宁、河北、青海、山东、江苏、浙江、台湾等地

　　筛草为多见年生草本。根状茎长而匍匐或斜向地下，外被黑褐色分裂成纤维状的叶鞘。秆高 10 ～ 20 厘米，宽 3 ～ 4 毫米，极粗壮，呈钝三棱形，平滑，基部具细裂成纤维状的老叶鞘。叶长于秆，宽 3 ～ 8 毫米，平张，革质，黄绿色，边缘锯齿状。苞片短叶状。

　　筛草小穗为卵形，长 10 ～ 15 毫米；穗状花序雌雄异株，稀同株；雄花序长圆形，长 4 ～ 5 厘米，宽 1.2 ～ 1.3 厘米；雌花序卵形至长圆形，长 4 ～ 6 厘米，宽约 3 厘米。雄花鳞片披针形至狭披针形，顶端渐狭成粗糙短尖，长 5 ～ 10 毫米；雌花鳞片卵形，顶端渐狭成芒尖，长 1.2 ～ 1.6 厘米，宽 4 ～ 5 毫米，革质，黄绿色带栗色，具多条脉。

　　筛草果囊稍短于鳞片或与鳞片近等长，披针形或卵状披针形，平凸状，长 10 ～ 15 毫米，宽约 4 毫米，弯曲，厚革质，栗色，无毛，有光泽，两面具多条脉，上部边缘具齿状狭翅，基部近圆形，具短柄，先端渐狭成长喙，稍弯，喙口具 2 尖齿。小坚果紧包于果囊中，长圆状倒卵形或长圆形，长 5 ～ 5.5 毫米，橄榄色，基部稍成楔形，顶端圆形。花柱下部微有毛，基部稍膨大，柱头 2 个。花果期 6 ～ 9 月。

筛草产生于海滨或河边、湖边沙地。其适应性强，可以独成群落，也可与单叶蔓荆和毛鸭嘴草混生。在形成稳定群落基础上，筛草利用种子和强大的地下根系向外扩繁，及时在严酷的条件下很快形成一定规模，覆盖沙滩和裸地。所以，它在防风固沙保持水土等方面发挥重要的作用，成为沿海沙质海岸潮上线绿化主要植物。

（三）旅游资源

昌黎黄金海岸国家级自然保护区内旅游资源多种多样，可谓丰富多彩。保护区内重要的旅游景点有翡翠岛、昌黎黄金海岸国际滑沙活动中心、渔岛、金沙湾海洋沙雕大世界、葡萄沟等。

▶ 翡翠岛

翡翠岛景点沙丘连绵不断，景象奇特美丽。沙丘最高可达44米，总面积约7平方千米，被誉为是"京东大沙漠"。翡翠岛上不仅生长有如白苇、沙参等多种中药材，鸟类资源也是分布众多，同时该岛附近海域还是白氏文昌鱼的重要栖息地之一。每年7、8月是翡翠岛的最佳旅游时节。沙山、蓝天、绿植、大海组成了一幅独一无二的沙丘海岛美景。翡翠岛的东、西、北三面被渤海与七里海潟湖围绕，如一块碧绿翡翠珍宝镶嵌在海洋上。翡翠岛景区为全天候开放。目前，翡翠岛在黄金海岸地区旅游管理部门的保护与旅游开发

翡翠岛沙丘

之下，未受到任何污染，成为保护区内的生态旅游重点风景区。

 昌黎黄金海岸国际滑沙中心

昌黎黄金海岸国际滑沙中心位于保护区中的巨大沙丘地带。早在1986年，昌黎黄金海岸景区就开发了这一天然滑沙项目，利用当地自然大沙丘的有利客观条件，效仿滑雪运动，成为国内

昌黎黄金海岸国际滑沙中心

外第一个滑沙旅游景区。昌黎黄金海岸国际滑沙中心面积广阔，景区内娱乐项目有滑沙、日光浴、海水浴场、卡丁车、骑马等。该景区发展至今已从设备简陋的小景点一步步扩建成为高端大气的国际性滑沙景区。

六 历史人文

（一）民间传说

▶ **七里海潟湖的传说**

传说很久很久之前，七里海潟湖还是属于一个封闭性的湖泊，并未似今时一样与渤海相连。七里海潟湖中满是生长着的芦苇与菱角，湖的周边有许多百姓居住繁衍。七里海潟湖中有一条非常凶恶的巨龙，这条巨龙对七里海这块宝地已是垂涎很久，意

图伺机占为已有。终于有一
天夜晚，巨龙找准了一个时
机，在湖中掀起风浪。湖水
水位突然猛涨，将周围百姓
的住房几乎全冲塌了，百姓
们无奈只能四处逃散。就在
此时，百姓中间突然站出来
一位叫作阿新的小伙子。他
十分勇敢机智，并且身怀武
艺。经过一番狠斗，阿新终
于击败了这条巨龙。最后，
阿新变作一只独角龙，并用

翡翠岛

尽全身力气为百姓们挖开了一条打通七里海与渤海的通道。终于，七里海潟湖的水位
降下来了，百姓们也因此获救，但是化为独角龙的阿新累死在了沙滩上。后来当地百
姓为了纪念这位化身独角龙的勇敢的小伙子阿新，就将他拼命挖开的这道通道口取名
为"新开口"。

七 保护区管理

　　1991 年，河北省批准建立昌黎黄金海岸国家级自然保护区管理处，现存编制内的
保护区工作人员共 12 名。在 2006 年 4 月，管理处正式成立名为中国海监昌黎黄金海
岸国家级自然保护区支队，从而由此开始执行我国海洋监察执法的专属管理性职能。
昌黎黄金海岸国家级自然保护区依次建立起关于保护区的巡查管理保护制度，每年的
海域巡查均达 50 次以上，而陆域方面的巡查则高达 100 次以上。之后，昌黎黄金海

岸国家级自然保护区全方位开始履行、实施《昌黎黄金海岸国家级自然保护区总体规划（2003～2010）》《昌黎黄金海岸国家级自然保护区总体规划（2011～2015）》等文件内容，陆续完成了保护区边界界碑的建设以及保护区内相关功能性区域的分区界碑、3个核心区建设及钢筋混凝土栅栏与各种指示牌和宣传牌设置。保护区内还相继设立了相关科普类博物馆、标本展览馆、海监执法基地、鸟类救护基地、海洋监测实验室、陆域核心区保护站与木质防护观览走廊等，同时配备了一般性理化分析测试仪器和GPS-RTK沙丘动态变化监测仪器、执法艇、巡护车、摄像设备、数码相机、海监通、GPS通信定位仪器等新型信息管理监控设备。保护区花费大力引进了现代化的先进管理技术，建立了远程视频监控管理系统。这个监管系统主要设置在了陆域核心区域，控制范围可以辐射至缓冲区域中以及保护区的近岸海域内，加大了保护区的管控力度。

保护区被国家海洋局批准成为海洋意识教育基地，也先后入选首批河北省非场馆类科普教育基地和第二批国土资源科普基地。

近几年，保护区的生态监测与科学研究的工作亦是持续进行着。保护区连续10年以上定点、定时地对黄金海岸的相关海岸的风向风速、自然沙丘与观赏性沙丘进行不断的监控管理；而且在18年来从事着对附近海域的生物、水质等的全面定位监察的基础之上，同国家海洋环境监测中心与河北省科学院地理研究所合作促成了"旅游沙丘形态控制研究""昌黎黄金海岸国家级自然保护区保护与开发研究""海岸地貌形态控制模型及应用"等有关当地保护区的环境监测与科研项目工作的开展。其间，出版了专著《昌黎黄金海岸国家级自然保护区海洋生态研究》，取得的研究成果获河北省科学技术进步一等奖3项、二等奖1项，河北省国土资源优秀成果二等奖1项。

天津大神堂牡蛎礁国家级海洋特别保护区

TIANJIN DASHENTANG MULIJIAO GUOJIAJI HAIYANG TEBIE BAOHUQU

一 保护区名片

地理位置	位于天津市滨海新区大神堂村南部海域
地理坐标	39°07'17"N ~ 39°10'15"N，117°55'42"E ~ 118°00'00"E
级别	国家级
批建时间	2012 年 12 月
面积	34 平方千米
保护对象	活牡蛎礁群
关键词	牡蛎礁、渤海湾牡蛎和栉孔扇贝栖息地、贝类种质资源库
资源数据	牡蛎礁 1.26 平方千米；游泳动物 27 种，其中鱼类 15 种、甲壳类 10 种、头足类 2 种

天津大神堂牡蛎礁国家级海洋特别保护区

保护区概况

天津大神堂牡
蛎礁国家级海洋特
别保护区是天津市
第一个国家级海洋
特别保护区以及唯
一位于海洋上的国
家级海洋保护区。
保护区地处天津市
滨海新区的大神堂
村浅海海域的南部

保护区周边

地区，属于渤海湾西北部区域。保护区的边界距离最近的海岸线大致有5千米，而距
离最近的陆地区域则不到1千米。保护区的全部区域现如今已经被划入海洋生态的红
线区，是一个禁止并限制开发的地区。保护区中设置成立了3个主要功能区。其中，
重点保护区位于该保护区的西北部，范围主要是囊括了1号及2号现代活牡蛎礁体群
以及生存繁衍必需的附着基，面积16.3平方千米，占比约48%；适度利用区位于天津
大神堂牡蛎礁国家级海洋特别保护区的东南部，主要涵盖了渤海湾长牡蛎、脉红螺种
质资源保护区和海洋牧场的一部分区域，面积9平方千米，占比约26%；生态与资源
恢复区包括了部分小礁体，它作为牡蛎礁恢复与扩张的重要保护空间，面积8.7平方
千米，占比约25%。

天津大神堂海域是我国北方纬度最高的现代活体牡蛎群的群聚海域。这一地区的
地质地貌十分特殊且生物多样性丰富，并且属于由海洋贝类生物和沙质沉积物等共同
构成的一种活牡蛎礁海洋生态系统。保护区是一个作为保护珍稀、濒危海洋生物物种

185

及其赖以生存的生态环境以及具有重要的文化、科学、旅游景观价值的海洋历史遗迹与自然景观需要而划定的海域。该海域不仅为海洋中重要的贝类生物提供了良好的栖息地，也是科研人员开展考察、科研、教学实习的主要场所之一。保护区的地形地貌环境是几千年来形成的渤海湾海域中极其特殊的一种地形地貌环境和生态系统，分布着天津市沿海平原唯一的现代活牡蛎礁体，从景观生态角度看，也是不可多得的海底自然资源；同时，保护区所辖海域中的贝类、鱼类、蟹虾类生物资源十分丰富，既有非常优越的浅海生态环境，又是重要保护、珍稀物种的栖息地和增殖地。

功能分区图

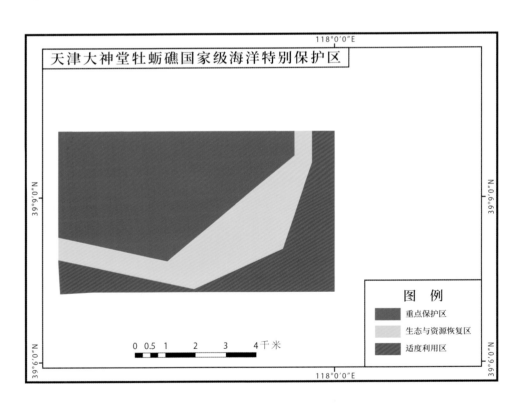

四 生态环境

　　天津大神堂牡蛎礁国家级海洋特别保护区内的两处牡蛎礁是迄今为止我国发现的纬度最高的现代活牡蛎礁。这两处牡蛎礁主要位于重点保护区的东北、西南角两处。大神堂牡蛎礁海域是我国扇贝、牡蛎、红螺等海洋生物的重要生存环境之一，同时还是渤海湾唯一的牡蛎与栉孔扇贝赖以生存的栖息地。天津大神堂牡蛎礁国家级海洋特别保护区的建立，为当地海域净化水体、保护生物多样性、提供栖息生存环境、稳定海岸线与地质、耦合生态系统能量流动与促进营养物质循环等多个方面都有着非常重要的帮助和重点支持功能，并产生着卓越的改善与防护等功效。保护区海域的生物资源，尤其是贝类生物种类繁多，有牡蛎、扁玉螺、栉孔扇贝、甲虫螺、青蛤等多种海洋贝类。可以说，该保护区海域的生物多样性非常高，对维护当地海域生态功能产生了重要作用。

（一）牡蛎礁

　　天津大神堂牡蛎礁国家级海洋特别保护区内的牡蛎礁在 20 世纪 70 年代的礁群面积为 100 平方千米左右，但人类活动等原因，导致了天津大神堂村附近海域的牡蛎礁礁群面积大大减少。到了 2014 年，牡蛎礁的礁群面积只有 1.26 平方千米，包括 1 号礁体 0.95 平方千米及 2 号礁体 0.31 平方千米，亟待妥善地进行抢救性保护工作。

　　牡蛎礁是一种由大量的牡蛎固着并生长于硬底物表面而形成产生的生物礁系统，广泛地分布

牡蛎礁

于温带滨海及河口区域。牡蛎礁主要有着3种重要的功能。其一是牡蛎礁的栖息地功能。这一功能是指牡蛎礁具有比较高的生物多样性的海洋生态环境，相当于位于热带地区的珊瑚礁生态系统之功能，一直都是很多重要的经济性鱼类生物资源与游泳性甲壳生物的繁殖、摄食场所。其二是牡蛎礁之水体净化功能。这一功能是源于牡蛎这一生物独特的滤食性的底栖动物特征而导致它可以降低河口、滨海地区的水体中的悬浮物、藻类生物浓度与营养盐，因此在客观上可控制海域内水体环境的富营养化及有害赤潮等生态环境的不良问题。其三是牡蛎礁的能量耦合功能。这一功能具体来说是指牡蛎的"生物泵"功能，它可以通过其滤食性特征作用下将海域内水体中的大量颗粒物以假粪便形态输入到沉积物的表面，帮助底栖生物次级生产。总体来说，保护区内牡蛎礁的生态修复工作已引起保护区工作人员的重视，保护区通过建设牡蛎礁来整体修复已受到大量破坏的区域海洋生态环境系统，从而很好地改善天津大神堂牡蛎礁国家级海洋特别保护区内的海洋生态环境。

保护区环境

科研人员经过大量的调查研究，发现并总结出一套适合天津大神堂牡蛎礁群及其生态环境的修复模式与经验，并建造出了适合当地牡蛎幼体生长的栖息环境。具体的修复工作包括牡蛎礁修复地点选择、牡蛎礁体底物收集整理、牡蛎礁体的建造工作、礁体建成后大量补充牡蛎种苗，维持生态循环、定期定点的跟踪监测与保护等步骤。可以说，天津大神堂牡蛎礁国家级海洋特别保护区的牡蛎礁修复与保护工作已步入正轨，并已产生了较多的成果。

五 代表性资源

（一）动物资源

栉孔扇贝

 栉孔扇贝

学　名	*Chlamys farreri*
中文别称	海扇、干贝蛤、海簸箕
分类地位	软体动物门双壳纲珍珠贝目扇贝科扇贝属
自然分布	在我国分布于辽宁、河北、山东、浙江及福建沿海

栉孔扇贝贝壳比较大，一般长约74毫米，高约77毫米。贝壳大致呈对称状态，其中右边的壳较左侧更显得平一些。贝壳上有很多粗细不均的放射物。壳的前后耳前大后小并不相等。栉孔扇贝的贝壳颜色多为灰白色。栉孔扇贝的经济价值很高，由扇贝闭壳肌干制而成的瑶柱（干贝）为"海八珍"之一。

　　栉孔扇贝喜欢生长生活在海域的低潮线之下，尤其是在水深10～30米沙砾或者大量岩礁的硬质型海底。那里的海域内盐度很高、水流急且水体比较透明。那里可让栉孔扇贝的足丝较好地固着在附着基上面，由此可以顺利地开闭贝壳以排水、游泳等。栉孔扇贝耗氧率很高且抗干露能力不太好，其平日里时常会在海里张开自身双壳，从而过滤并食用海洋中的一些单细胞藻类生物以及某些小型微生物等。如果栉孔扇贝遇到一些不适合自己生存下去的环境后，它便会当机立断地选择通过自己切断附着作用的足丝的方法来伸缩比壳肌肉，同时借助双壳一张一合的排水作用产生的力量进行短距离的迁移运动。由于栉孔扇贝的耐低温性很强，所以即使海水的温度达到0℃以下，它也可以很好地存活下去。但据科学调查研究发现，最适宜栉孔扇贝生存生活的海域温度应是15℃～20℃，并且与之相应的海水盐度则应为23～34。

　　栉孔扇贝从卵细胞形态成长至成熟则需要经历大致5个阶段。科学家根据栉孔扇贝的生殖细胞在滤泡中的比例来看，将栉孔扇贝的成长阶段分成了增殖期、生长期、成熟期、生殖期、休止期。栉孔扇贝每年两个繁殖期分别是5～7月与9～10月。据科学调查研究发现，栉孔扇贝的繁殖季节是和当时的海水温度大致相关。栉孔扇贝属于一种雌雄异体的软体动物，但它又存在着雌雄同体的生物现象。在栉孔扇贝的繁殖季节，雌性栉孔扇贝的生殖腺为橘红色，而雄性生殖腺则为乳白色。在其繁殖期过后，雌雄不同的特征便会消失，两种性别栉孔扇贝的生殖腺均又变回了无色的状态。栉孔扇贝一般一次产卵量大致为200万粒，而稍大一些的栉孔扇贝的一次产卵量甚至可以达到400万粒。

▶ 青蛤

学　　名	*Cyclina sinensis*
中文别称	赤嘴仔、赤嘴蛤、环文蛤
分类地位	软体动物门双壳纲帘蛤目帘蛤科青蛤属
自然分布	在我国沿海广泛分布

青蛤

　　青蛤的外形特征为双闭壳肌，是一种中型贝壳动物，它的韧带位于贝壳后部，暴露在外，贝壳的主齿与前侧齿共有 3 个，内壳边缘地区有细小并且是紫色的锯齿，比较坚硬。青蛤呈一种比较膨大状的圆形，贝壳的前部是圆弧形状，后部则为楔形，腹部中间比较尖。从壳顶而向两侧膨胀向前部。由于青蛤的外缘有一圈紫色的环，因而又叫作"赤嘴仔"。青蛤的贝壳高约 5 毫米，长约 5 毫米，厚度只有约 0.5 毫米。它从壳顶向外辐射同心层纹，并且纹路的排列十分紧密；但是青蛤的壳内是光滑而没有纹路的，并且以呈现青白色为主。总体来说，青蛤的重量小，贝壳会比较坚硬。

　　青蛤的生长生存环境主要是沙泥质的浅水区域以及部分河口地区，生存栖息地一般会在水深 4 ~ 5 米的生态环境中。在其平时日常生活中，依靠自身的斧足而游泳前行，也会将自己的水管伸出体外用来吸取氧气成分与摄食。

　　青蛤是雌雄异体的生物，其并没有特殊的性变现象存在。它的繁殖特征为 2 年性成熟。一般成熟的性腺在壳内包围着内脏部分，并且又延伸到其足的基部。而当青蛤处于繁殖时节时，便可以借此季节、特征来分辨青蛤的雄雌：繁殖时节的雌性青蛤的性腺呈现淡黄色，而雄性青蛤的性腺则是乳白色。其怀卵量与产卵量与它的个体大小和外界环境有比较大的联系。成熟的青蛤一年繁殖一次，但它会在海水中分批分期地

青蛤

排放自身的生殖细胞，其生殖细胞会在海水中进行变态生长。以我国现有的青蛤繁殖状况调查结果来看，我国海域内青蛤的繁殖期大致是在一年中的 3 ~ 9 月，其进行繁殖活动时的最佳海水温度在 25℃左右，但有时会由于当下的外界环境的变化而影响到青蛤的繁殖时间。

 # 保护区管理

　　天津大神堂牡蛎礁国家级海洋特别保护区直接由天津古海岸与湿地国家级自然保

护区的管理处管辖。自 2011 年 11 月起，为搜集大神堂海域的牡蛎礁的实际情况，保护区共展开了 2 次大神堂牡蛎礁之综合地质考察，并且初步的调查出牡蛎礁礁体的分布与生长的所需自然地质环境。在此调查后，天津大神堂牡蛎礁国家级海洋特别保护区管理部门将结合历史资料与调查情况进行比较与评价，为大神堂海域牡蛎礁生态环境的修复和保护工作的有效开展提供科学研究依据，同时亦在此基础上提出了《天津大神堂牡蛎礁国家级海洋特别保护区总体规划（2015 ～ 2030）》，并交由国家审批。根据这一规划，天津大神堂牡蛎礁国家级海洋特别保护区将以保护优先、合理开发、自然恢复为保护区工作的指导原则，大力加强保护区的生物资源生态修复，维持海洋生态系统的健康发展，保护海洋生物多样性。到 2030 年，天津大神堂牡蛎礁国家级海洋特别保护区将建设成为一个集保护管理、科研监测、宣传教育、社区公关、资源利用、生态修复为一体，并且以"牡蛎资源、休闲娱乐、海洋文化"为起点、以弘扬并构建海洋文化价值取向为支点、以保护和观察海洋种质资源基因库为导向的一个设施设备完善、科研教育优先、功能设置齐全以及管理修复高效的全国数一数二的先进国家级海洋特别保护区。

天津大神堂牡蛎礁国家级海洋特别保护区的管理机构组织编制了《天津大神堂牡蛎礁国家级海洋特别保护区管理办法》。管理处不断地根据此规章制度开展修复及保护区立法工作。管理处对于大神堂海域生态环境修复工作始终非常重视，在申报国家级海洋特别保护区时，便组织工作人员进行了该海域的浅海活牡蛎礁生态系统保护、修复的专项项目。在此期间，完成了 4 种增殖礁构型、礁群配置以及礁区的布局研究，建立了相关的人工鱼礁示范区 10 万平方米，共有 10 个牡蛎礁群。该项目还投放了集鱼型海洋生物资源养护礁体 2 600 个左右。天津大神堂牡蛎礁国家级海洋特别保护区在开展集鱼型海洋生物资源养护设施建设的同时，还持续地、大力积极地展开如栉孔扇贝、青蛤、牡蛎等当地重要贝类生物资源以及虾蟹类生物资源的人工增殖放流培育工作，一来是可以很好地改善天津大神堂牡蛎礁国家级海洋特别保护区的浅海生态环境现状，二来是能够间接地修复天津大神堂牡蛎礁国家级海洋特别保护区内的已经消

失许多的活牡蛎礁，从而更好地提高当地生物的多样性水平以遏制如今大神堂所辖海域的海洋生态系统退化的现状，更好地促进天津大神堂牡蛎礁国家级海洋特别保护区内的可持续发展情况。在天津大神堂牡蛎礁国家级海洋特别保护区批准建设之后，为加强对牡蛎礁资源的重点保护，将在特别保护区设置 4 个制式浮标，明确保护范围，并开展"天津大神堂牡蛎礁国家级海洋特别保护区人工牡蛎增殖礁建设项目"，在重点保护区内投入人工牡蛎增殖礁 3.9 万余包，从而恢复保护区的海洋生态环境系统，保护海洋生物多样性。

天津古海岸与湿地国家级自然保护区

TIANJIN GUHAIAN YU SHIDI GUOJIAJI ZIRAN BAOHUQU

天津古海岸与湿地国家级自然保护区

 保护区名片

地理位置	位于渤海湾西岸，海河等河流入海口
地理坐标	38°33'40"N ～ 39°32'02"N，117°14'35"E ～ 117°46'34"E
级别	国家级
批建时间	1992 年 10 月
面积	359.13 平方千米
保护对象	贝壳堤、牡蛎礁构成的珍稀古海岸遗迹和湿地自然环境及其生态系统
关键词	贝壳堤、牡蛎礁、七里海湿地、古海岸遗迹
资源数据	保护区由 11 处贝壳堤区域、1 处牡蛎礁、七里海湿地区域组成；保护区内有鸟类 180 余种，爬行类动物 6 种，两栖类动物 4 种，鱼类 50 种，植物 165 余种

二 保护区概况

　　天津古海岸与湿地国家级自然保护区位于渤海湾西岸地区的天津市的滨海区域，地势低洼，总面积为 359.13 平方千米。天津市人民政府于 1984 年始批准并建立古海岸与湿地自然保护区，但保护区是在 1992 年时才经由国务院批复建设成为国家级海洋自然保护区，从而该自然保护区才被正式命名为天津古海岸与湿地国家级自然保护区。天津古海岸与湿地国家级自然保护区的主要保护、管理的对象是为牡蛎礁与贝壳堤等共同组成的古海岸遗迹以及湿地生态环境和自然生态系统。天津古海岸与湿地国家级自然保护区属于一种开放性、不连续的区域类型，这一保护区的保护范围可以说是十分广阔，包括了天津市所辖的宁河区、大港区、汉沽区、津南区、塘沽区、东丽区的部分地区。

　　天津古海岸与湿地国家级自然保护区中牡蛎滩之牡蛎礁的规模，只有位于美国南卡罗来纳州和泰国曼谷北部地区中央平原上的牡蛎礁才可与之匹敌，而且从天津古海岸与湿地国家级自然保护区内现存的牡蛎礁之礁体的规模方面来看，这一保护区内的牡蛎礁也拥有着在当今世界上独一无二的地位，因此对天津古海岸与湿地国家级自然保护区中的牡蛎礁、古贝壳堤进行合理而科学的保护与管理具有十分重要的意义。天津古海岸与湿地国家级自然保护区内的七里海湿地则是一种非常罕见、显著的因海陆变迁而形成、诞生的带有明显海洋特征的古潟湖型湿地。2014 年 2 月，天津古海岸与湿地国家级自然保护区经天津市人大常委会批准，成为天津市永久性保护生态区域。

 功能分区图

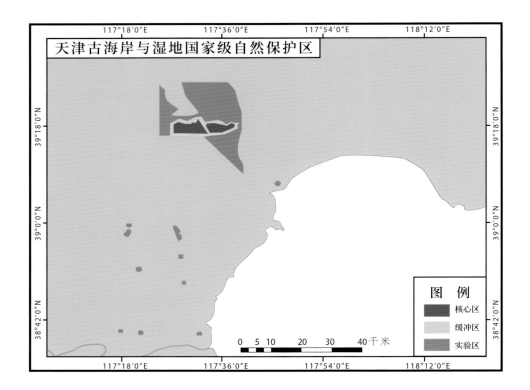

 生态环境

    天津古海岸与湿地国家级自然保护区在古气候、海陆变迁、古地理以及海洋生态等方面有着十分宝贵的科学研究价值，已成为相关教学、科研的主要基地。处于保护区内的七里海湿地生长、栖息着许多种野生珍稀的植物与动物。天津古海岸与湿地国家级自然保护区的批准与建立对于我国滨海湿地生态系统与海陆变迁等方面的科学研

保护区环境

究产生了积极的影响作用。保护区的牡蛎礁、贝壳堤以及古潟湖湿地共存的自然生态
环境现象已成为天津古海岸与湿地国家级自然保护区的显著特征。

　　天津古海岸与湿地国家级自然保护区的现存主要保护对象之一便是近一万年以来
的渤海成陆的一种属于海陆变迁的海洋遗迹。随着时间流逝，受渤海海退的影响，这
一保护对象脱离了海洋的怀抱，逐渐形成了如今这样一种具有特色的奇美景观，这也
使得天津古海岸与湿地国家级自然保护区成为我国唯一没有涉及现代型海岸线的国家
级海洋自然保护区。

（一）七里海湿地

　　七里海湿地位于天津市宁河区的西南部，所辖地域广阔且地势低洼，占地总面积
共达到 95 平方千米。这一区域的全年降水量在 600～900 毫米。作为一种常年性的蓄
水洼淀，七里海湿地素有"京津绿肺"的美称。早在 3 400 多年前，古黄河便携带着
大量的泥沙从七里海处入海。直到周定王五年（前 602），由于黄河改道，加之有海
浪的长时间拍打的相互作用下，今天津古海岸与湿地国家级自然保护区内的七里海湿
地地区逐渐地成为一种障壁岛屿。又因为七里海湿地障壁岛屿自身的一种不连续性特

征，位于七里海区域的缝隙中间的海水便和河水相遇，它们的互相作用才使障壁岛屿的缝隙中间形成了许许多多个半咸河口海湾这样一种地质环境。经过很多年的河流泄洪、淤积，障壁岛屿的内陆一侧渐渐衍生出潟湖来。于是，最早的七里海湿地便是在唐代海水退去后而留下的潟湖。后来，七里海湿地由当初的古潟湖发展演变而成为的淡水沼泽，后又逐渐地成为一种沼泽湿地。乾隆《宁河县志》就记载了当时的青龙湾河由西北朝东南方穿越了三海，即为前七里海、曲里海、后七里海。其中，前七里海即是现在的七里海湿地。长期以来，天津古海岸与湿地国家级自然保护区内的七里海湿地一直保有沼泽湿地与滨海湿地湖泊的生态奇景，潮白河由南北方向直直地穿通七里海湿地，将七里海湿地分成东西二海。西海是苇海，占地约 32 平方千米；而东海则是水库与苇海相间，占地约 16 平方千米。七里海湿地区域的植被覆盖面积大，现存的几十平方千米的苇海，自然风光宜人，既有宁静秀丽之美，又有壮观之美。七里海湿地的自然资源十分丰富，水质优良，天然饵料丰富，十分适宜虾、鱼、蟹等生物资源的生长与繁衍。据记载，七里海湿地在 20 世纪 50 年代时的渔业资源自然捕捞量便已达到年均 250 万余千克。这一区域的植物资源有苇、蓼、藻等多种沉水型植物，重要鸟类资源有鹭、雁等。

（二）贝壳堤

天津古海岸与湿地国家级自然保护区内共存 11 处贝壳堤区域。其中，位于保护区内东部的 4 处贝壳堤甚至可以与南美苏里南贝壳堤及美国路易斯安那州古贝壳堤齐名。天津古海岸与湿地国家级自然保护区内的古贝壳堤是在国际上作为研究第四纪地质、海洋、古环境、古气候等科研领域的重要对象。这 4 处古贝壳堤基本上是和海岸线平行的，总体跨度约 36 千米。这些古贝壳堤是经过大风、海浪、潮汐的共同作用，而将近海区域海底的大量贝壳搬运过来并且经过长时间的堆积、波筑形成。天津古海岸与湿地国家级自然保护区中的古贝壳堤，标志着渤海湾西侧海岸的古海岸线的大概方位，被科学研究者称为研究海陆变迁与古海岸遗迹保护的珍贵记录与佐证。

贝壳堤中充斥着如文蛤、
竹蛏、扁玉螺等贝类的贝壳，
贝壳堤是由这些贝类生物的贝
壳及其碎屑同沙子混合而成，
并且这些贝壳均是按照一定规
律的层序进行分布排列而成，

贝壳堤

全长几十千米。贝壳堤是一种类型特殊、具有显著特色的海岸堤之一。它是在严
格的自然条件作用之下形成的。形成条件需要有适合贝壳类生物繁殖、有较大风浪、
有适合堆聚在海岸边的海底底质物等。简而言之，贝壳堤是由贝壳及粉沙、细沙、
泥炭和许多淤泥性质的黏土薄层共同作用构成的堤状地貌堆积体。作为古海岸在
地质地貌方面的标志物，科研人员通过分析贝壳堤就可以得到海岸、陆地演化的
资料。对于天津古海岸与湿地国家级自然保护区内的贝壳堤的研究，已有几十年
的历史。

（三）牡蛎礁

牡蛎礁

天津古海岸与湿地国
家级自然保护区的特色之
一便是保护区内现存的牡
蛎滩中许多的牡蛎礁。牡
蛎礁是处于海陆交汇而形
成的河口环境之下，由许
多密集生长且并未经过人
为搬运的牡蛎生长、沉积
而构成的一种垂直海岸线

分布的礁状物。作为天津古海岸与湿地国家级自然保护区的特殊地质遗迹之一，牡蛎礁形成于天津市滨海平原上的海河北边地带，集中分布在天津市宁河区中部、东部区域。其中，最为典型的牡蛎滩则位于宁河区的表口村。牡蛎礁是由活着的或已死的近江牡蛎和长牡蛎自然堆积而成，基本上是属于潮下带的生物堆积体，最厚处达到 5 米左右。如今，牡蛎礁与贝壳堤为天津古海岸与湿地国家级自然保护区内非常有特色的海洋遗迹。

五 代表性资源

（一）动物资源

 海鸥

学　　名	*Larus canus*
分类地位	脊索动物门鸟纲鸥形目鸥科鸥属
自然分布	在我国华北、华中、华东、华南以至西南等国内广大地区越冬，迁飞时旅经东北地区

海鸥

　　天津古海岸与湿地国家级自然保护区内最为常见的鸟类动物便是海鸥。海鸥是一种中等体型的鸥科动物，在七里海湿地的出鱼时节，来自全世界各地成千上万的海鸥便会从远处飞来天津古海岸与湿地国家级自然保护区所辖的七里海湿地区域。成年海鸥的体长约 44 厘米，体重为 300 ～ 500 克，平均寿命约 24 年。海鸥作为一种常见的候鸟，在其迁徙时期会飞到我国的东北各省沿海处，越冬时节则是会见于我国沿海的各个地区，也会出现在华南与华东的部分湖泊与河流处，是一种较为常见的水禽。

海鸥在其幼鸟时期的上体均呈现出一种纯白的颜色，其中间杂着一些褐色斑点与横纹，其基部亦是白色，而尾部则为灰褐色。当海鸥成鸟处于冬季时节

海鸥雏鸟出壳

时，它的头顶与两侧还有后脖颈的羽毛会呈现一种褐色的斑点，这些斑点在其枕部会排列成一种特殊的纵纹或横纹。而在夏季时期的海鸥成鸟的头部与颈部均为白色，肩部与背部则是灰色，两翼的覆羽同背部一样呈现灰黑色，其余重要的覆羽等处则均为白色，有些部分亦是会出现白色、灰色等大小不一的端斑。

海鸥的主要食物来源为海洋软体动物、海滨昆虫、甲壳类动物和一些蠕虫等，偶尔也会去捕食水中的鱼类。

海鸥的繁殖时期是在 4～8 月。在此期间，成群结队的海鸥们会在许多海岸、河岸、岛屿的地面上筑巢繁殖。有些区域内的海鸥巢密度比较大。海鸥也是一种会在筑巢时事先划分出自己势力范围的一种鸟类。它们的巢穴多半是由一些枯草、羽毛、小树枝丫以及海中的藻类植物所构建而成。每一个海鸥的巢穴之中一般会诞下卵 3 枚左右。其卵呈橄榄色或绿色，由雌雄二鸟交替孵化。

（二）旅游资源

▶ 七里海国家湿地公园

七里海国家湿地公园是天津市最大的天然湿地公园，也是京津唐地区风景秀丽的

七里海国家湿地公园

"天然绿肺"与氧吧。七里海国家湿地公园距离天津市区 30 千米左右，现已成为天津市最大的一座天然花园地区。七里海湿地不仅是天津市最大的芦苇产地，也是最为重要的水产品养殖基地之一。作为一座鸟类生物的重要栖息地。七里海湿地共存鸟类 200 余种，具有重要的生态保护价值。在七里海湿地广阔的水面之上有一座占地 10 万平方米的鸟岛。这个鸟岛周围的水中生长着大量的水草，因此也就留下了大天鹅、东方白鹳等珍稀鸟类在此徘徊的痕迹。随着科研工作人员与当地管理人员加强对七里海湿地生态环境的保护与改善，鸟岛上出现的鸟类数量更是不断增多，有时甚至达到了 1 000 余只。

七里海湿地常年积水，水域面积为 26.67 平方千米左右，芦苇地的占地面积约 33.33 平方千米。在这一片绿色区域之内，河道纵横，沼泽遍地、沟汊交错、洼地广布，

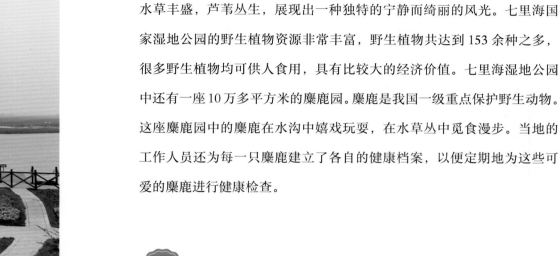

水草丰盛，芦苇丛生，展现出一种独特的宁静而绮丽的风光。七里海国家湿地公园的野生植物资源非常丰富，野生植物共达到153余种之多，很多野生植物均可供人食用，具有比较大的经济价值。七里海湿地公园中还有一座10万多平方米的麋鹿园。麋鹿是我国一级重点保护野生动物。这座麋鹿园中的麋鹿在水沟中嬉戏玩耍，在水草丛中觅食漫步。当地的工作人员还为每一只麋鹿建立了各自的健康档案，以便定期地为这些可爱的麋鹿进行健康检查。

保护区管理

1996年6月，由天津市编委批准设立了天津古海岸与湿地国家级自然保护区专门的管理机构。这是一个由天津市海洋局所辖的根据公务员法来进行管理的公益性事业单位，主要是管理、组织天津古海岸与湿地国家级自然保护区的相关工作。这一管理机构现有编制内管理人员40名、其他工作人员35名。

该管理机构的职责大致可分为7类：一是实施保护区的总体建设规划和年度计划；二是执行国家及本市有关海洋自然保护区的法律法规和相关政策规定；三是从事有关科研工作，并对保护区的生态环境进行监测；四是制定保护区的各项管理规章；五是负责保护区的相关管理工作；六是开展保护与管理工作的各种交流宣传活动；七是建立保护区的档案资料，开展教育与宣传活动。

天津古海岸与湿地国家级自然保护区的专业管理机构自设立20余年来，通过紧锣密鼓地在保护区内开展保护修复、巡查执法、建设相关

设施设备、科研教学、宣传交流等方面的工作，使得该保护区取得了许多实际成果：在 2001 ~ 2002 年度，被评为天津市文明单位；2003 年，被共青团中央评选为青年文明号单位；2004 年，又被天津市评选为最佳党性实践活动单位，甚至还被人事部授予全国海洋系统先进单位称号；之后，天津古海岸与湿地国家级自然保护区先后两次被评为全国科普教育基地，成为天津市唯一连续获得此称号的国家级自然保护区。

滨州贝壳堤岛与湿地国家级自然保护区

BINZHOU BEIKEDIDAO YU SHIDI GUOJIAJI ZIRAN BAOHUQU

贝壳堤远景

 保护区名片

地理位置	位于山东省无棣县城北 60 千米处，渤海西南岸，西至漳卫新河，东至马颊河河口以东，北至浅海 4.5 米等深线
地理坐标	38° 02′ N ~ 38° 21′ N, 117° 46′ E ~ 118° 05′ E
级别	国家级
批建时间	2006 年 2 月
面积	435.41 平方千米
保护对象	贝壳堤岛、滨海湿地
关键词	贝壳滩脊湿地生态系统、"天然生物博物馆"、苏鲁京津重要通道
资源数据	保护区有海岛 18 个；发现的野生珍稀动物达 459 种，其中有海洋生物 50 余种，有国家一级重点保护野生动物大鸨、白头鹤，国家二级重点保护野生动物大天鹅等在内的鸟类 61 种；有植物约 350 种

二 保护区概况

　　滨州贝壳堤岛与湿地国家级自然保护区属海洋自然遗迹类型保护区。保护区总面积 435.41 平方千米，其中核心区面积 155.47 平方千米，缓冲区面积 135.59 平方千米，实验区面积 144.35 平方千米。保护区现有海岛 18 个，其中核心区 15 个，缓冲区 2 个，实验区 1 个；有居民海岛 3 个（大口河岛、汪子岛、沙头岛），无居民海岛 15 个。

　　保护区内的贝壳堤岛与湿地生态系统是全世界保存最完整的贝壳滩脊湿地生态系统，是研究黄河变迁、海岸线变化、贝壳堤岛形成等环境演变以及湿地类型的重要基地。至今仍在继续生长发育的贝壳堤岛是我国乃至全世界珍贵的海洋自然遗产。

　　保护区还是东北亚内陆和环西太平洋鸟类迁徙的中转站和越冬、栖息、繁衍的场所，在我国海洋地质、滨海湿地类型和生物多样性研究工作中占有极其重要的地位。目前，保护区共记录到鸟类 61 种，哺乳动物 6 种，爬行动物 8 种，植物约 350 种，贝类 20 余种。

贝壳堤远景

近年来，保护区不断加大生态环境整治修复力度，2012 年投资 400 万元对保护区大口河区域 1.2 平方千米的养殖水面进行海岛及湿地恢复，构筑人工岛 6 个，栽植柽柳 6.2 万株，播种碱蓬 0.08 平方千米，为野生动物摄食、栖息提供良好的场所。2014 年，保护区进行植被恢复工作，在大口河和汪子岛区域共播种碱蓬和柽柳 0.056 平方千米。保护区分三期投资 4 000 余万元进行生态整治修复，恢复湿地 3 平方千米，整治海岸带 5 千米，计划建设挡沙潜堤和离岸潜堤，以减少潮汐对贝壳堤的侵蚀，使主要保护对象——贝壳堤岛和滨海湿地实现了稳定恢复，植被覆盖率扩大近 1 倍，动植物种群明显增加，生境愈发良好，保护区的生态权益和主要保护对象受到有效保护。

 功能分区图

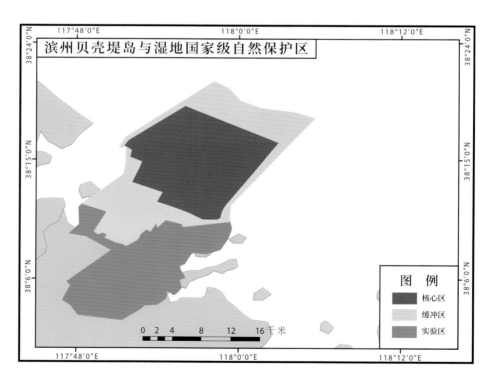

四 代表性资源

（一）动物资源

▶ 大鸨

大鸨

学　　名	*Otis tarda*
中文别称	老鸨、地鵏、野雁
分类地位	脊索动物门鸟纲鹤形目鸨科鸨属
自然分布	在我国越冬于辽宁、河北、山西、山东、陕西及江西等地

　　大鸨为国家一级重点保护野生动物，体型较大。脖子、腿都较长，翅膀较圆润，尾巴短，脚上有 3 个脚趾。通常雄鸨体型大于雌鸨，且成年雄鸨颏、喉、嘴角处有须状的羽毛。当雄鸨争斗和求偶炫耀时，须状羽可竖起。脚强健有力，为灰褐色。上体颜色以黄褐色为主，杂以黑色灰斑；下体（腹部）灰白色。

　　大鸨常集群活动于草甸上的低洼处、坡上，由于人为因素干扰，活动地点经常变化。其活动高峰在早晨和傍晚，雨天和大风天较少活动。大鸨主要采食植物的嫩叶、芽、种子，散落在地上的谷物、豆类，也会吃蝗虫、蛙等。

　　大鸨的繁殖期在 5 ~ 7 月，每窝产卵 2 ~ 4 枚。卵为青灰色、土黄色或暗绿色，有的带有灰黑色斑块。

白头鹤

▶ 白头鹤

学　　名	*Grus monacha*
中文别称	锅鹤、玄鹤、修女鹤
分类地位	脊索动物门鸟纲鹤形目鹤科鹤属
自然分布	在我国越冬于上海、江苏、江西及台湾等地，迁徙期间经过黑龙江、河北及山东等地

　　白头鹤为国家一级重点保护野生动物，体形较纤细。雄鸟和雌鸟羽毛的颜色相似，头顶裸露皮肤为红色，眼睛的前部覆盖黑色发状羽毛，头的其余部分直至颈上部呈白色，颈下部及身体上的羽毛为灰黑色。

　　白头鹤多在河流、湖泊的岸边泥滩、沼泽、湿草地栖息，主要以甲壳类，贝类，小鱼，鳞翅目、蜻蜓目、直翅目等昆虫为食，也吃一些植物嫩叶、块根、小麦、稻谷等。

　　白头鹤产卵期为 5 ～ 7 月。一般在沼泽中的高地上营巢。每窝产 2 枚卵。卵为绿红色，上面密布褐色斑点。雌鸟主要承担孵化责任，雄鸟只在每天的早、晚孵化 1 个小时左右。

（二）植物资源

▶ 碱蓬

碱蓬

学　名	*Suaeda glauca*
中文别称	海英菜、碱蒿、盐蒿
分类地位	被子植物门双子叶植物纲中央种子目藜科碱蓬属
自然分布	在我国分布于内蒙古、山东、江苏、浙江、河南、山西、宁夏、青海及西藏等地

　　碱蓬为一年生草本，高可达 1 米。茎直立，圆柱形，浅绿色，有条棱，上部多分枝；分枝细长，上升或斜伸。叶为线形，半圆柱状或扁平。花两性兼有雌性，单生或 2～5 朵团集，大多数着生于叶的近基部处；雌花花被近球形，直径约 0.7 毫米，较肥厚。花、果期为 7～9 月。碱蓬多生长于盐渍化及湿润的土上，为种子繁殖。

　　碱蓬为中等饲用植物，还是一种良好的油料植物，种子油可做肥皂和油漆等。此外，碱蓬全株含有丰富的碳酸铜，在印染工业、玻璃工业、化学工业上可作为原料。

五 历史人文

（一）民间传说

 汪子岛的传说

　　相传，秦始皇派徐福（生卒年不详）东渡求取长生不老的仙药。徐福招募了千名

213

徐福雕像

童男童女，沿古鬲津河（今漳卫新河）经汪子岛登官船起程。

由于当时的海运条件有限，徐福等人迟迟不见归来。众童男童女的亲人无比思念自己的孩子，便聚在岛上天天翘首东望，盼望着孩子们早日归来，所以，当地的百姓又把这个岛称为"望子岛"。

保护区管理

2006年6月，山东省滨州市批准成立了隶属无棣县人民政府的滨州贝壳堤岛与湿地国家级自然保护区管理局，内设3个副科级职能科室，下设海监支队、大口河监管站、汪子岛监管站3个站（队）。

保护区管理局成立后，建立健全了管护、科研、监测、考勤、宣教等内部管理制度，从而确保了保护区管理的标准化、规范化、精细化。保护区实行每日常规巡护和定期全面巡护的工作制度。在大口河监管站和汪子岛监管站派执法人员常驻，实现对核心区、缓冲区的 24 小时监管。

保护区还与区内的汪子村等单位签订了社区共管协议；与国家海洋环境监测中心、滨州学院等单位开展科研合作，共建滨州贝壳堤岛与湿地生态研究基地、滨州海洋生态站；实施了生态整治修复、海岸带整治、规范化能力建设等项目；开通了保护区网站和微信公众号，开设了保护区官方微博和博客等，有力地推动了保护区管理工作的开展，提升了保护区的影响力。

贝壳堤远景

东营河口浅海贝类生态国家级海洋特别保护区

DONGYING HEKOU QIANHAI BEILEISHENGTAI GUOJIAJI HAIYANG TEBIE BAOHUQU

 一 保护区名片

地理位置	位于山东省东营市河口区，渤海湾南岸黄海三角洲近岸海域
地理坐标	38°07'48.1"N ～ 38°17'53.47"N，118°15'3.13"E ～ 118°32'42.02"E
级别	国家级
批建时间	2008 年 12 月
面积	448.12 平方千米
保护对象	以文蛤为主的底栖贝类及其赖以生存的生态环境
关键词	渤海湾黄海三角洲、浅海贝类渔业资源、百鱼之乡
资源数据	区内渔业资源种类约 130 余种，分布于海涂之贝类资源达 40 种；大型底栖生物共 18 种；区内浮游植物共 10 科 68 种，以沿岸广温性和广盐性种类为主

 二 保护区概况

　　东营河口浅海贝类生态国家级海洋特别保护区是由国家海洋局在 2008 年 12 月 8 日批准建立的一个拥有重要浅海贝类渔业资源的国家级自然保护区，位于山东省东营市河口区。东营河口浅海贝类生态国家级海洋特别保护区按其性质和作用划分为重点保

东营河口浅海贝类生态国家级海洋特别保护区

保护区滩涂

护区、生态与资源恢复区、适度利用区3个功能区。其中，重点保护区80.16平方千米，占保护区面积的17.89%，生态与资源恢复区166.72平方千米，占保护区面积的37.20%；适度利用区201.24平方千米，占保护区面积的44.91%。东营河口浅海贝类国家级海洋特别保护区内的生态系统是一个陆海相互影响、河口和人类互相依靠发展的生态系统，拥有广阔的浅海滩涂空间与海洋生物的栖息地，该保护区已成为我国著名的贝类生产区。

山东省东营市河口浅海贝类生态国家级海洋特别保护区地势平坦，沿海区域较浅且海滩宽敞广阔。保护区内的主要沉积物为沙质粉沙与黏土质粉沙。保护区内所辖的滩涂不仅平坦而且十分宽广，它的潮间带跨度很大，在5～8米水深处的部分区域的地貌地势比较复杂，因此也形成了非常多的形态、特征各异的凹坑、洼地、坍塌、泥流舌与冲沟等特殊地貌地势。保护区海域的海底常常处于一种不够稳定的状态，在此保护区内的海域的-10米等深线之外，多属于一种淤积区域。总体来说，保护区的海域底部属于较缓坡度，平日的海底状态比较稳定。保护区属于北温带半湿润大陆性气候，受季风影响明显，可谓是四季分明、温度适宜、雨热同期、光照充足，属于多风而无显著的高寒酷暑情况。

三 功能分区图

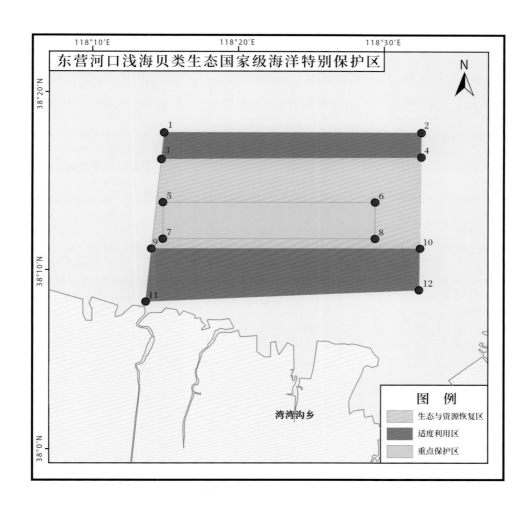

东营河口浅海贝类生态国家级海洋特别保护区

图 例
生态与资源恢复区
适度利用区
重点保护区

湾湾沟乡

四 生态环境

　　东营河口浅海贝类生态国家级海洋特别保护区通过加强对蛤类生态资源保护与增殖的力度，从而可有效恢复蛤类的资源量。通过蛤类生物的滤食作用，可有效地实现

较为顺畅的物质循环和能量流通，在一定程度上减少人类活动的干扰，对于保护区内的海洋生态之保护与修复起到重要作用。

东营河口浅海贝类生态国家级海洋特别保护区的近岸滩涂是一种十分适合贝类资源的生长栖息地，分布在这一片海涂的贝类资源近40种，其中还存在经济价值较高的10余种贝类资源，可以说是国内重要的贝类生产区域之一。保护区的设立对于保护黄河口海域的生物多样性有着极为重要的价值与意义，特别是对于河口区沿岸海域的综合利用与地区性渔业的持续发展产生了不可或缺的重要作用。21世纪初，许多国际性组织等皆大力呼吁沿海各国展开有关海洋保护区的规划、建设与保护工程。随后，我国批准成立、建设东营河口浅海贝类生态国家级海洋特别保护区亦是为保护黄河口附近海域的生物之多样性，尤其是为综合开发河口地域沿岸海域及促进相关海洋渔业的可持续发展。东营河口浅海贝类生态国家级海洋特别保护区的设立，不仅仅是为了加强对该区域的蛤类资源进行保护工作，而且也是为了更全面、科学地调查河口地区沿岸海域的海洋环境与底栖生物资源情况。

五 代表性资源

（一）动物资源

 文蛤

学　　名	*Meretrix meretrix*
中文别称	蛤蜊、蚶仔
分类地位	软体动物门双壳纲帘蛤目帘蛤科文蛤属
自然分布	在我国沿海广泛分布

文蛤

　　文蛤的外壳呈圆形偏三角，内部呈白色，其壳质厚实坚固，双壳大小均匀一致。它常常栖息在浅海处的泥沙底部，比较爱生活于有淡水资源注入的潮间带与河水湿地等区域。文蛤属于埋栖型贝类生物，有着潜沙习性，其栖息深度随着生态环境的水温以及自身的个体大小的不同而不尽相同。文蛤主要是依赖自身的出入水管道进行呼吸作用，而且它只适合生长于低盐度的海水中。它具有跟随水质因子变化而进行潮区间移动的特殊生存生活习性，被称为"跑流"。文蛤可以通过分泌一种类似于明胶质带的东西来跟随潮流的变动进行自身的移动行为。

　　文蛤属于雌雄异体的贝类生物之一，其并无性变现象，一般两年便性成熟。成熟的文蛤一年便会繁殖一次，主要是在海水中受精生长。文蛤的主要繁殖期为 3 ~ 9 月，但它的繁殖期会根据当时的海况和气候的变化来推迟或者稍稍提前。

　　作为一种主要的贝类资源，文蛤不仅肉嫩味鲜，而且它的营养价值较高，富含人体所需的氨基酸、钙、铁等营养成分。

　　各个海域的文蛤养殖方法大致可概括为在某固定区域内进行长期性养殖。一般人们在养殖文蛤时会先放养壳长 1.5 ~ 2.5 厘米文蛤苗，2 ~ 4 年后收获文蛤。后经过海洋生物学家的科学研究而将文蛤养殖的方法改良成"三级放养"制。所谓的"三级放养"制，是指一种在中潮区中部建设小蛤苗培育基地，而在中潮区的下部则设立中蛤的培育基地，最后在低潮区设立大蛤的养殖基地，由此分成一至三级不等的养殖培育场所，形成一种流水线式养殖的方式多。我国的文蛤全人工育苗技术虽有着极大进步，但尚且未形成大工厂式机械化育苗生产能力，也无法大量提供文蛤苗种，因此现今仍

需要半人工化采苗、育苗工作的协助。只要观测到海上出现大量文蛤浮游幼虫的踪迹，相关养殖人员便会立即进行拦网等半人工操作的采苗工作。

▶ 浮游动物

东营河口浅海贝类生态国家级海洋特别保护区内的浮游动物分属 4 门 14 目 28 科，共计 47 种。东营河口浅海贝类生态国家级海洋特别保护区中的浮游动物是以温带广温低盐近岸种类以及个别适温和适盐范围较广的温带外海性、内湾性种类为主。根据科学调查研究所得，东营河口浅海贝类生态国家级海洋特别保护区所辖海域内的浮游动物大约可以分成 3 种类型：其一是近岸低盐型，主要是一些适宜低盐环境的浮游动物种类，如中华哲水蚤、双刺唇角水蚤、强壮箭虫等；其二为外海性类型，如复针胸刺水蚤、左突唇角水蚤等；其三是内湾性类型，如长住囊虫、八斑芮氏水母等。

（二）植物资源

▶ 浮游植物

中国海洋特别保护区是对具有特殊的地理条件、生物与非生物资源、生态系统以及海洋开发利用特殊要求，而采取有效的保护措施与科学的开发方法来进行管理的一种地域。东营河口浅海贝类生态国家级海洋特别保护区具有重要区域海洋生态保护与特殊资源开发价值。该保护区中共生存着沿岸广温性与广盐性种类的浮游植物共 10 科 68 种。其中，甲藻门 3 科 9 种，硅藻门 7 科 59 种。在甲藻门中，角藻科与多甲藻科种类最多，各 4 种；在硅藻门中，圆筛藻科种类最多，有 23 种。保护区内的浮游植物可分为 3 种生态类型：其一为河口性类型，主要是一些低盐种类，如角毛藻；其二为外海性类型，主要是圆筛藻属的种类；其三为近岸性类型，如角毛藻属中的奇异角毛藻、短孢角毛藻等。

六 历史人文

（一）风土人情

山东省东营市河口域内大多为退海之地，清道光十年（1830年）始有人居住。而且这一区域亦是因位于黄河之入海口而得名为河口。清朝时，此地区隶属于武定府利津县永和乡与沾化县忠信乡。东营市河口区属于黄河三角洲典型地貌，地势是西高东

保护区一带

低而南高北低，境内有重要河道如沾利河、郭河、潮河、羊栏河、神仙沟等排水河道等，因其地处中纬度、暖温带，便广受欧亚大陆与太平洋二者的影响而形成夏热冬冷、四季分明的区域特征，此区域内的气候差异并不大。

▶ 农业民俗风情

东营河口地区的主要物质生产方式之一是农业为主的经济模式。东营河口地区从事农业生产的农民们广种薄收，植棉自用，以夏、秋两个季节的农活为最忙，有着特殊的"抢秋多麦"的民俗特色文化。当地民众结合河口境内的气候特征与土地资源条件，探索出一套关于高粱与大豆这两种农业作物的混种模式，在不耽误高粱成熟的情况下，种植大豆、豆角、甜瓜、西瓜等种植物。若有外来人员来到东营河口域内，只需要依照河口当地民俗风情加以爱护庄稼作物，即可饱食一顿也不会有人仗着本地优势来责问，这便是东营河口境内较为特殊的一种民俗风情。当秋收结束之后，当地人进入了所谓的冬闲时节，则称为"猫冬"。当地有"懒赶集，勤拾粪便，一家富裕不用问"之类的谚语。在中华人民共和国成立之后，由于经济体制变革，东营河口地区的农业不断发展，有关农业生产方面的科学知识得以普及，使当地农业经济之生产力提高很多，男耕女织的固定生产模式逐渐得以改变与优化。如今，东营河口地区的农业发展受到现代化农业科技力量的支持，因地制宜地发展起水产畜牧养殖，丰富了当地的经济生产模式，越来越多以农业生产为主业的农村人口开始脱离农业生产活动，传统的生产民俗正发生着变化。

▶ 渔业风情

东营河口浅海贝类生态国家级海洋特别保护区地处渤海湾南岸黄河三角洲的近岸海域。虽然我国制订了海洋捕捞计划"负增长"与"零增长"之目标，并先后实施了禁渔期、禁渔区等相关制度，但是随着渔业的发展，天然海洋资源随时受到渔业捕捞的压力而产生衰退趋势。为了有效促进河口地区的海洋渔业的可持续发展，东营市河口区海洋与渔业局经调查研究，申请建设了东营河口浅海贝类生态国家级海洋特别保护区。受到地域特征与地域优势的影响，东营河口地区的海洋渔业发展历史由来已久，形成了独具特色的渔业民俗风情。当地春季的渔获种类主要有鱼类 9 种、贝壳类 12 种、虾蟹类 7 种等，占优势的种类有斑尾腹虾虎鱼、葛氏长臂虾、豆形拳蟹、日本关公蟹、扁玉螺、文蛤、纵肋织纹螺等；夏季的渔获物种类则主要有鱼类 1 种、贝壳类 12 种、虾蟹类 7 种，占优势的种类有斑尾腹虾虎鱼、脊尾白虾、口虾蛄、豆形拳蟹、端正关公蟹、红线黎明蟹、扁玉螺、薄片镜蛤、朝鲜笋螺、光滑河蓝蛤、广大扁玉螺、四角蛤蜊、文蛤等；秋季的渔获种类主要有鱼类共 15 种，如斑尾腹虾虎鱼、红狼牙虾虎鱼、尖海龙、日本海马等；虾蟹类 9 种，如脊尾白虾、鹰爪虾，豆形拳蟹、端正关公蟹、宽身大眼蟹、日本关公蟹等。东营河口浅海贝类生态国家级海洋特别保护区成立的目的是在有效的保护措施实行的基础上进行合理的利用和开发海洋资源，为今后开发利用更广大的区域的自然海洋渔业资源提供保护和发展的可持续模式与经验。海洋资源的合理开发是海洋特别保护区发展的经济前提，也是当地渔民生产、生存生活的关键核心问题。根据海洋的自然发展规律与当地市场需要，东营河口浅海贝类生态国家级海洋特别保护区继续发展着存有当地渔业民俗风情特色的海洋渔业生态养殖、生态旅游及其他相关的海洋产业，并逐步实现"以资养区"。

七 保护区管理

为加强东营河口浅海贝类生态国家级海洋特别保护区管理，保护浅海贝类生态，促进滩涂和海域资源的可持续开发利用，东营市河口区人民政府设立东营市河口区生

态渔业区服务中心，加挂东营河口浅海贝类生态国家级海洋特别保护区管理中心牌子，为直属东营市河口区人民政府的正科级、公益一类事业单位，经费来源实行财政拨款，负责制定和实施海洋特别保护区的总体建设和规划、管理制度和技术规范、生态修复、监督检查及对外宣传。

东营利津底栖鱼类生态国家级海洋特别保护区

DONGYING LIJIN DIQIYULEI SHENGTAI GUOJIAJI HAIYANG TEBIE BAOHUQU

一 保护区名片

地理位置	位于山东省东营市利津县内挑河与四河间
地理坐标	38°12'50.00"N ～ 38°15'50.00"N，118°32'43.68"E ～ 118°44'20.40"E
级别	国家级
批建时间	1990 年 9 月
面积	94.04 平方千米
保护对象	以半滑舌鳎为主的经济鱼类及其赖以生存的海洋生态环境
关键词	底栖鱼类保护区、水资源丰富、经济鱼类繁殖地
资源数据	保护区临近海域有栖息鱼类 85 种、滩涂贝类资源 40 余种

东营利津底栖鱼类生态国家级海洋特别保护区

二 保护区概况

东营利津底栖鱼类生态国家级海洋特别保护区位于山东省北部地区，隶属于山东省东营市利津县。山东省东营市利津县城是处于渤海的西南岸以及黄河的近口段之左一侧区域，利津县境总体上呈一种西南至东北向的带状结构，总占地面积约 1 666 平方千米。同时，东营市利津县还被称作"东方对虾故乡""百鱼之乡"，素有"黄金海岸"之美称。出于对利津所辖海洋底栖鱼类及其生存的生态环境的重视与保护，在 2008 年，由国家海洋局批复建立了东营利津底栖鱼类生态国家级海洋特别保护区。自从国家海洋局批复该保护区成立以来，利津县海洋与渔业局（后更名为利津县海洋发展和渔业局）便已经充分地意识到东营利津底栖鱼类生态国家级海洋特别保护区建立与保护工作的重要性，并重点着手开展这一保护区的建设工作。在此期间，通过积极摸索与积累建设、管理东营利津底栖鱼类生态国家级海洋特别保护区的经验，意图使得保护区的相关工作能够顺利地推进。

东营利津底栖鱼类生态国家级海洋特别保护区是一种暖温带半湿润季风气候，虽然是临海地区，但保护区的海洋性气候特征并不强烈、明显。由于其近海区域含盐度不高、有机质与饵料较丰富，极其适合繁殖多种鱼类及鱼类回游。保护区具体且重要的保护对象是以半滑舌鳎为主的经济鱼类及其生存所需的相关海洋生态环境。保护区内的滩涂总面积约达到 153.33 平方千米，且属于潮间带地区，因此该区域生存着大量的介贝类生物。

 三 功能分区图

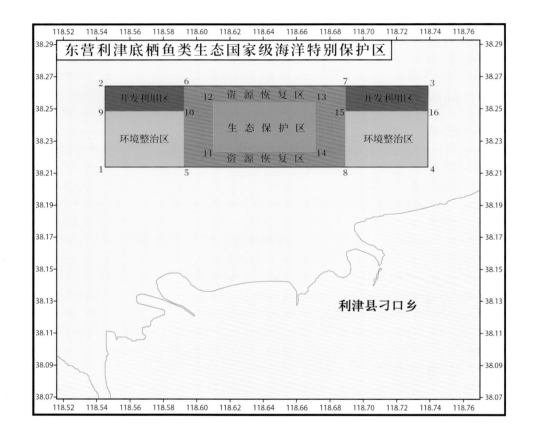

 四 生态环境

　　利津县的浅海滩涂面积十分广阔,其潮间带主要是黄河淤积平原并且面积较大。由于该区域地势平坦,坡降小,水质非常肥沃且淡水径流量很大,因此这一地区的饵料生物资源亦是异常丰富,有着虾、鱼、蟹、贝等生物适宜生长繁殖的优越自然条件,不违其"百鱼之乡"之盛名。东营利津底栖鱼类生态国家级海洋特别保护区域之内存活着鱼类 85 种，重要的鱼类海洋动物包括半滑舌鳎、鲻、鲈鱼、虾虎鱼、梭鱼等。全年平均以暖温性种类居多，达到 47 种，占比约 55.3%；冷温性种类大约存在 13 种，占比约 15.3%；暖水性种类有 25 种，占比约 29.4%。

东营利津底栖鱼类生态国家级海洋特别保护区在当地相关单位的大力建设和宣传之下，展开了人工增殖放流工作，十分有效地改变了保护区以及附近地区的生态环境情况。自 2009 年始，东营利津底栖鱼类生态国家级海洋特别保护区开展、实施了 8 项人工放流重要项目，在相关海域内投入半滑舌鳎 150 万尾、青蛤 1 500 万粒、中国对虾大概 2.2 亿尾、三疣梭子蟹 3 000 万只，共投入资金 1 560 万元。保护区通过大力增殖放流来提高该区的资源水平与生态的功能，从而使当地的生态环境发展与改善产生良性循环。尤其是在 2012 年春季，东营利津底栖鱼类生态国家级海洋特别保护区所属海域内出现了松江鲈等重点保护对象。

五 代表性资源

（一）动物资源

半滑舌鳎

▶ 半滑舌鳎

学　　名	*Cynoglossus semilaevis*
中文别称	牛舌头、鳎板、鳎目
分类地位	脊索动物门辐鳍鱼纲鲽形目舌鳎科舌鳎属
自然分布	在我国沿海广泛分布

半滑舌鳎素有"牛舌"之称，它是一种近海大型暖温性底栖鱼类，有着适应广盐、广温等生态环境的多变特征，但是其自然产量比较少。

半滑舌鳎外形呈舌头状，鱼身则背腹扁平，鳞片较小。臀鳍与背鳍和尾鳍相连，鳍条也是不分旁支。尾鳍末梢呈尖形。成鱼没有胸鳍，只有成长发育的期间出现胸鳍和鳔泡。此鱼的卵子是一种处于分离状态的球形浮卵，卵膜较薄而光滑透明，卵子的产量一般有100粒左右，最多有125个。半滑舌鳎有着潜底伏沙的生活习性，东营利津底栖鱼类生态国家级海洋特别保护区所辖近海海域域内自然生态环境多为沙底、岩礁底，而且周围海域的底质较少是淤泥腐烂的状况，十分适宜半滑舌鳎的生活习性需要。

由于半滑舌鳎的自然产量较低，并且成长发育速度较快，作为底栖鱼类，其体型比较大，能够适应的海洋生态环境的温度范围相当广阔，因此适合在我国大部分的海域进行养殖繁衍，在北起辽宁南至广东的海域均可进行养殖。该鱼觅食行为速度比较慢，时间则很长，所以养殖过程中以人工喂食鱼饲料为主，且不同成长过程的半滑舌鳎每日需要投喂不同的饵料。半滑舌鳎平时的活动量很少，因此它的鱼鳃及鱼体之上时常黏附着不同的污物，所以适宜的养殖环境也是需要水质较干净的海域。

由于半滑舌鳎难以存活在低温的海洋环境中，所以开展相关增殖繁育时主要在春季到秋季之间的高水温时节，东营利津底栖鱼类生态国家级海洋特别保护区的海域之水质管理与保护也应该随着季节气候的变化进行相关工作。半滑舌鳎属于一种暖温性底栖鱼类动物，喜欢弱光生存环境且生长发育代谢比较快，在改善它的繁育环境之外，若是增加饵料以及辅助性质的饲料鱼种如青鳞鱼、玉筋鱼的投喂，便可大大增大半滑舌鳎的繁殖率。还应注意海水水质环境的监测、观察如盐度、赤潮生物量、化学耗氧量等指标的检查工作；同时也要有效地改善生态环境的水质条件，尽量防治该鱼类的烂尾病或出血病等病症。

半滑舌鳎的产卵地以我国渤海为主，中心产卵地区以东营利津底栖鱼类生态国家级海洋特别保护区为例，多在河口附近的 10 ～ 15 米深的海域内。半滑舌鳎的幼鱼饵料来源主要是海洋底栖生物如甲壳类、多毛类。

▶ 中国对虾

学　名	*Penaeus chinensis*
中文别称	东方对虾、中国明对虾
分类地位	节肢动物门软甲纲十足目对虾科对虾属
自然分布	在我国分布于黄海、渤海及东海北部海域

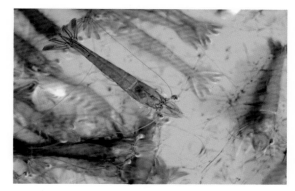

中国对虾

中国对虾的体型较为长、大，形状侧扁，呈青色，外壳比较薄而且光滑，体长一般为 155 ～ 190 毫米，体重可达 40 ～ 85 克。中国对虾通常是雄性的体型小于雌性体型，但均为 20 节虾身组成，包括头部 5 节、胸部 8 节、腹部 7 节。除了尾末外，其他每一节身都带着附肢 1 对。步足共 5 对，前 3 对钳型，后 2 对爪型。中国对虾的额角突出，长有锯齿，形状细而长，基部微隆。

中国对虾属于大型的广盐性、广温性之暖水性一年生洄游虾种类。经常在海底爬行，少数时候在海水中游泳。每年冬季，中国对虾便会洄游到黄海的深海区越冬，第二年 4 月份则回到北方进行产卵，产卵量均在 30 万～ 100 万粒。仔虾会在 18 天左右一直蜕皮直到生长为幼虾，10 个月之后摄食成长为成虾。

中国对虾的繁殖培育是通过了解其育苗所需的"种、水、饵、管"4 方面重要问题之后于 1959 年起才成功培育出了第一批人工虾苗，并逐步确立一套成功的中国对

虾的具体养殖方法。以往国内的中国对虾生长繁殖主要是靠从海洋中捕捞出大量的自然苗种，但出于此法早已不能满足养殖发展的需要，且不利于自然中国对虾的生长。通过科学研究，我国已经研发出一套中国对虾养殖培育的有效方案，解决了这一繁殖难题。东营利津底栖鱼类生态国家级海洋特别保护区通过有效的人工增殖放流技术手段，并展开对所辖海域生态环境的养护工作，使得当地的海域生态环境大有改善，也有利于当地中国对虾的生长发育及养殖工作。

六 历史人文

（一）历史故事

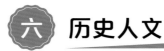

山东省利津县北部滨海地区，滩涂广袤，自古水积浅坑，日晒为卤，风吹是盐，煎海煮盐历史悠久。周庄王十二年（前685），管仲担任齐相。他执政期间，对齐国的政治、经济进行了一系列的改革，创造了新的盐政理论，开发了"渠展之盐"，获得了丰厚的盐利。清人张铨的《永门竹枝词》云："渠展盐池尚有无，阴王故国莽榛芜。齐桓一去三千载，谁向寒潮问霸图？"千百年来，人们不断找寻"渠展之盐"到底在哪里。对它的具体位置众说纷纭、莫衷一是，"渠展之盐"成了一个未解之谜。近年来，黄河口一带的盐业考古发现为人们提供了实物资料。大量春秋时期制盐工具的出土，证明了古利津地区很有可能就是渠展之盐的中心地。

隋代时，利津为蒲台县沿海之地，唐代则属渤海县，有著名的斗口淀煮盐之所。成书于唐宪宗元和年间（806～820）的《元和郡县图志》记载："今淀上有甘井可食，海潮虽大，淀终不没，百姓于其下煮盐。"到了北宋时期，人们对煎盐之利的认识越

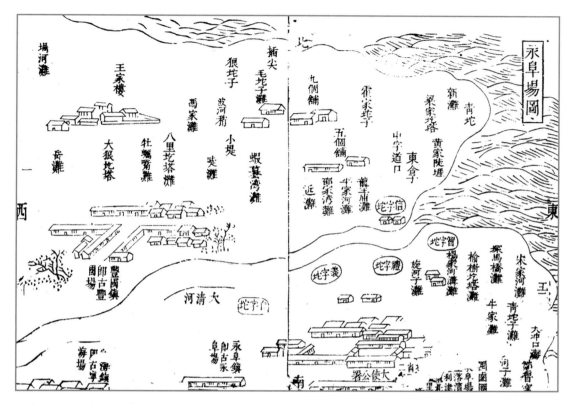

永阜场图（出自雍正《山东盐法志》）

来越深刻。利津海滨之民大都放弃农耕，专事煎盐。许多居民聚涌至海滨地带，谋求制盐生路。人们选择了生产条件优越、交通便利的永阜镇作为聚居地，永阜盐场随之应运而生。

金章宗明昌五年（1194），大清河寻黄河故道（今山东利津汀河乡前关村以北）入海。大清河内接大运河，外连渤海，是水运的天然孔道。良好的制盐环境、便利的水陆交通使永阜盐场在山东各大盐场中脱颖而出，逐渐成为山东盐区最大的盐场。

元明时期，山东地区共设盐场 19 个。永阜盐场归属山东都转运盐使司滨乐分司统辖，有灶丁 2 000 多人。永阜盐场采用晒盐之法以后，简化了生产工序，大大提高了生产规模，盐产量得以成倍增加。

清康熙十六年（1677），永阜盐场获得了一次宝贵的发展契机。当时，朝廷对山东盐区的各大盐场进行裁并、整合，附近的丰国、宁海二场并入永阜盐场。之后，永阜盐场逐年扩大，到了雍正年间（1723～1735），设立了"仁""义""礼""智""信"五大盐坨，分布于大清河两岸。一时间，盐场卤汪星列、沟渠纵横、滩地袤广、盐池棋布，白皑皑的盐堆如同座座雪山。此后的 180 多年里，永阜盐场始终是山东八大盐场之首。当他处积盐滞销时，这里航运通畅，盐船遍布铁门关码头，装卸货物的号子声不绝于耳，人声鼎沸，呈现出一片繁荣景象。

咸丰五年（1855），之前在江苏境内入黄海的黄河，在河南兰阳铜瓦厢决口，夺大清河由利津入渤海，永阜场被黄河水浸灌，滩池大多被淹，产盐量大减。光绪三十年（1904），黄河在薄家庄决口未堵，改道西北漫入徒骇河由老鸹嘴入海，永阜盐场滩池全部被淹没无存。1913 年，北洋政府裁永阜场，归并王家冈，这一历经 600 余年的大盐场正式退了出历史舞台。

 # 七 保护区管理

目前，东营利津底栖鱼类生态国家级海洋特别保护区的管理工作顺利地稳步推进着。

一是管理机构的设置和人员配备上，利津县政府已经授权利津县海洋与渔业局开展相关的保护工作。利津县海洋与渔业局成立了以其主要领导为组长，分管领导、业务骨干为成员的保护区建设领导小组，并且设立了专门的办公室以全面地展开协调管理的日常工作。

二是管理规章制度的执行情况方面，为了加强对东营利津底栖鱼类生态国家级海洋特别保护区的管理与保护，利津县海洋与渔业局建立了较为健全完备的规章制度，并且按照相关政策与制度有序地进行着保护区的管理维护工作。先后颁发了《巡护监测监督管理制度》《办公室管理制度》《文档管理制度》等一系列有关保护区管理的规章制度。

三是保护区基础设施建设方面，利津县海洋与渔业局不断争取着有关保护区建设与管理的各种资金支持，先后实施了两个项目，包括 2011 年投资 1 011 万元建立保护区的管理中心、繁育中心、界碑、界桩、浮标、船艇等以及在保护区内人工放流主要保护对象之一的半滑舌鳎苗种 100 万尾。后在 2014 年又争取资金 266 万元左右投入到保护区的建设中。

四是日常管护工作的开展情况方面，东营利津底栖鱼类生态国家级海洋特别保护区逐步实施定期的巡航制度，专门组织人员展开专项执法行动。

五是调查监测、环境保护工作方面，不仅开展了对该保护区的本底资源调查活动，还委托中国海洋大学先后对保护区进行共 4 次全方位调查工作，形成调查报告 2 个，共 100 万余字。主要调查了半滑舌鳎等底栖鱼类的种群结构、分布状况和资源动态等。

六是在适度利用区、生态与资源恢复区的活动监管情况方面，严格监督着企业的经营生产行为，在宏观上对其进行指导和监管。生态与资源恢复区以保护功能为主，除了保护区开展的必要的管理与科研外，禁止进行其他与保护区无关的活动，加强了对保护区周边的监管与防护，并依法严肃地惩治违法行为。

七是科普宣传开展情况方面，东营利津底栖鱼类生态国家级海洋特别保护区通过广播、报纸、网络等媒介对保护区进行着积极的报道与宣传工作，印发宣传册共 1 000 份。

八是运行经费保障情况方面，东营利津底栖鱼类生态国家级海洋特别保护区的运行经费主要由政府财政支撑、保障，主要是拨付利津县自然资源局的预算经费，对于开展实施各项专项调查与科研活动的资金进行严格的管理，提高专项资金的管理水平，建立健全完备的管理制度，确保专项资金的有效使用。

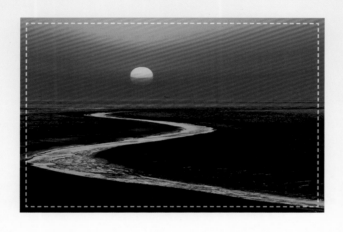

东营黄河口生态国家级海洋特别保护区

DONGYING HUANGHEKOU SHENGTAI GUOJIAJI HAIYANG TEBIE BAOHUQU

东营黄河口生态国家级海洋特别保护区

 保护区名片

地理位置	位于东营市垦利区黄河下游入海口处 − 3 米等深线至以东 12 海里的海区，西与黄河三角洲国家级自然保护区毗邻
地理坐标	37°35'N ~ 37°57'N，119°05'E ~ 119°31'E
级别	国家级
批建时间	2008 年 11 月
面积	926 平方千米
保护对象	以黄河口特有的海洋经济种类产卵场、育成场为主的黄河口生态系统以及生物物种多样性
关键词	黄河入海口、湿地生态系统、鸟的天堂
资源数据	保护区内各种野生动物有 1 500 多种，其中鸟类 298 种

二 保护区概况

东营黄河口生态国家级海洋特别保护区位于山东省东北部黄河与渤海交汇的黄河三角洲顶端的东营市垦利区的黄河口。保护区以黄河口海域生态环境保护、修复和管理为基础，以海洋经济种类产卵场、育幼场的保护修复、海洋资源合理开发利用和社会经济可持续发展为核心，以黄河口生态系统保护修复与资源合理利用为重点，以期通过科学严格的保护和合理适度的开发利用，使以黄河口特有的海洋经济种类产卵场、育成场为主的黄河口生态系统退行性演替进程得以缓解，生物多样性与生态结构功能有所恢复，重要渔业资源产出在品质和数量上有所改善，黄河口生态系统保持长期的健康和稳定；同时，合理高效科学开发利用保护区内海洋资源，实现海域可持续发展。

根据保护区的性质和作用，保护区划分为重点保护区、生态与资源恢复区、适度利用区3个功能区。其中，重点保护区位于保护区的中心区域，面积为97.78平方千米，占保护区总面积的10.56%；生态与资源恢复区位于生态保护区的北部和南部，面积分

黄河口

别为 69.62 平方千米、100.27 平方千米，共约占保护区总面积的 18.35%；适度利用区即除重点保护区、生态与资源恢复区以外的边缘缓冲海域，面积 658.33 平方千米，约占保护区面积的 71.09%。

 功能分区图

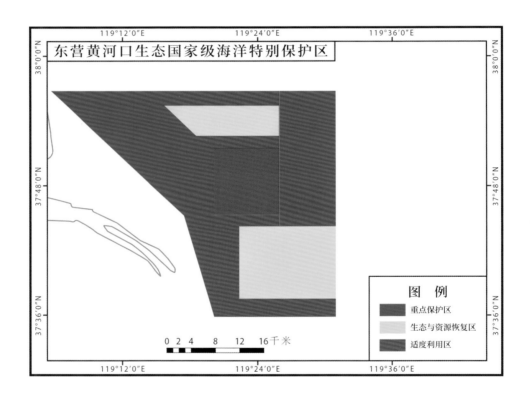

 代表性资源

（一）动物资源

黄河口旷野茫茫，芳草萋萋，海鸥、野鸭一年四季随处可见，一些世界濒危的野生珍禽在这里也时常看到。据专家考察后估测，仅丹顶鹤、东方白鹳、灰鹤等国家一、二级重点保护的珍禽就有 15 种，其他鸟类高达 120 多种，数量达数百万只，而且每年还有增加的趋势。

保护区海域栖息有国家二级重点保护野生动物松江鲈、东亚江豚等珍稀物种，以及刀鲚、花鲈、梭鱼、中华绒螯蟹、中国对虾等重要生物资源。

▶ 灰鹤

学　　名	*Grus grus*
中文别称	玄鹤、千岁鹤、番薯鹤、欧亚鹤
分类地位	脊索动物门鸟纲鹤形目鹤科鹤属
自然分布	在我国，繁殖地主要在北方，见于新疆、内蒙古、黑龙江、青海、甘肃、宁夏和四川，迁徙时经过河北、内蒙古、辽宁、吉林、黑龙江、山东、河南、陕西等省区，越冬地大致从辽东半岛向西南经北京、山西、四川到云南一线以南

灰鹤

灰鹤为大型涉禽，身高 100 ～ 130 厘米，体重 3 ～ 7 千克。全体灰色，头顶裸出部分红色，两颊至颈侧灰白色，喉、前颈和后颈灰黑色，初级飞羽和次级飞羽黑色。

灰鹤栖息于开阔平原、湿地、沼泽、草地、河滩等处，成小群活动。杂食性，以植物为主，夏季也吃昆虫、鱼、软体动物、蚯蚓、蛙、蛇、鼠等。

灰鹤为单配制，但不稳定，丧失配偶会很快找到新的配偶。到达繁殖地经发情配对后，开始营巢。灰鹤 4 月下旬开始产卵。每窝产卵 2 枚。卵呈灰褐色，布满大小不等的深褐色斑点及斑块。产卵间隔常为 2 天，有时为 1 天、3 天或 4 天。产下第 1 枚

卵后就开始孵卵，雌雄鹤轮换孵卵。孵化期为 28 ~ 31 天。出壳雏鸟为 3 日龄可啄食和饮水。55 日龄体重可达 2 300 克，身高可达 70 厘米。3 月龄可以飞翔。

卷羽鹈鹕

▶ 卷羽鹈鹕

学　名	*Pelecanus crispus*
分类地位	脊索动物门鸟纲鹈形目鹈鹕科鹈鹕属
自然分布	在我国产于新疆、青海及山东以南沿海等地，冬季迁至南方，少量个体定期在香港越冬

　　卷羽鹈鹕为大型水禽，体长 160 ~ 180 厘米，体重 11 ~ 15 千克。嘴铅灰色，长而粗，上下嘴缘的后半段均为黄色，前端有一个黄色爪状弯钩。下颌上有一个橘黄色或淡黄色大型皮囊。体羽主要为银白色，并有灰色。飞羽为黑色，有白色羽缘。头上的冠羽呈卷曲状。颊部和眼周裸露的皮肤均为乳黄色或肉色。颈部较长。翅膀宽大。尾羽短而宽。腿较短，脚为蓝灰色，四趾之间均有蹼。体羽灰白，眼浅黄，喉囊橘黄或黄色。翼下白色，仅飞羽羽尖黑色。颈背具卷曲的冠羽。额上羽不似白鹈鹕前伸而是成月牙形线条。虹膜浅黄，眼周裸露皮肤粉红。

　　卷羽鹈鹕栖息于内陆湖泊、江河、沼泽、沿海地带等。喜欢群居。善于飞行和游泳，也善于在陆地上行走。以鱼类、甲壳动物、软体动物、两栖动物等为食。

　　成年卷羽鹈鹕一般配对生活，在地面营巢产卵。每窝产卵 1 ~ 3 枚。两性孵卵并喂雏。刚出蛋壳的小鹈鹕体色灰黑，不久就生出一身浅浅的白绒毛。亲鸟以半消化的鱼肉喂雏鸟。雏鸟长大后，把头伸进亲鸟张开的嘴巴的皮囊里，啄食带回的小鱼。婚配为一雄一雌。繁殖期为每年 4 ~ 6 月。营巢于近水的树上。每窝产卵 3 ~ 4 枚，卵为淡蓝色或微绿色。由亲鸟轮流孵卵。雏鸟可以在 12 周起飞，且独立于 14 ~ 15 周。

松江鲈

▶ 松江鲈

学　　　名	*Trachidermus fasciatus*
中文别称	四鳃鲈、花花娘子、花鼓鱼、老婆鱼、媳妇鱼
分类地位	脊索动物门辐鳍鱼纲鲉形目杜父鱼科松江鲈属
自然分布	在我国，目前只在辽宁丹东，山东文登、东营等地有一定的资源量，东海沿岸河口只有零星捕获

松江鲈体前部平扁，后部稍侧扁。头平扁，棘、棱均为皮肤包被。口大，两颌及犁骨、腭骨均具绒毛齿群。前鳃盖骨有 4 枚棘，上棘最大，后端向上弯曲。体无鳞，被皮质小突起。背鳍连续具凹刻。胸鳍大，尾鳍后缘截形。体黄褐色，体侧具 5 ~ 6 条暗纹。吻侧、眼下、眼间隔和头侧具暗条纹。早春繁殖期左、右鳃盖膜上各有 2 条橘红色斜带，鳃片外露，故称"四鳃鲈"。为冷温性洄游鱼类。幼鱼早春在淡水中生活，秋后沿海越冬产卵。为国家二级重点保护野生动物。

（二）旅游资源

▶ "芦花飞雪"

芦花

　　在黄河入海口的百里平原上，依河傍渠随道，到处生长着密密匝匝的芦苇，连绵不断，成为黄河入海口的一大自然景观。春天放眼望去，碧绿像地毯，坦荡无垠。秋天是芦苇的成熟季节，苇叶渐白，苇穗裹实。有的芦苇高达几米，大拇指般粗壮。整个苇荡犹如待检阅的千军万马，异常素洁齐整。待饱满的苇穗由淡紫转为粉白，芦花盛放，蓬蓬松松，白花花的一片。风乍起时，苇絮随风在天空悠悠飘飞，形成"芦花飞雪"的壮美景观。

▶ "红地毯"

"红地毯"是一种湿地自然景观，是由一簇簇高 20 厘米左右、名为盐地碱蓬的野生植物"织成"的。盐地碱蓬一般生长在平均高潮线以上的近海滩地。在黄河入海口处，盐地碱蓬较为集中，生长密度很大。每到初春时节，盐地碱蓬给黄河入海口这片新淤地盖上了一层新绿。深秋，开花结果的盐地碱蓬又给大地披上了艳丽的"红妆"。极目远望，成片的盐地碱蓬像火海，似朝霞，如红色的地毯。

"红地毯"

▶ 生态木栈道

在保护区内的黄河口生态旅游区深处，建有生态木栈道。木栈道长约800米，宽2.6米，全部采用俄罗斯樟子松木，并经过防腐处理，可在水中使用20年。生态木栈道直接伸入芦苇荡中，被湿地和芦苇荡所包围。木栈道曲折迂回，每个拐角处都设有休闲凉亭。站在木栈道上，可以看到神奇的湿地，自然柳林，新、老河道。

生态木栈道

▶ **瞭望塔**

　　瞭望塔位于黄河入海口北岸，高近 30 米，其外形像一艘扬帆启航的船。它寓意共和国扬帆启航，奔向 21 世纪的美好前景；也寄托着黄河口人希望祖国一帆风顺，繁荣昌盛的殷切意愿。登上瞭望塔，遥望黄河口，黄河水奔流入海，让人荡气回肠。河海交汇处，蓝黄分水线泾渭分明，恰似一个美丽的同心结系在黄河三角洲的脖颈上，景象蔚为壮观。瞭望塔原主要用于观察黄河口附近的火情和附近鸟类的活动。如今，瞭望塔已经成为黄河口旅游区的一个显著标志。

瞭望塔

保护区内的湿地

保护区内有暖温带地区最广阔、最完整、最年轻的湿地生态系统，是东北亚内陆和环西太平洋鸟类迁徙的重要"中转站"和越冬栖息、繁殖地，是《拉姆萨尔公约》缔约国要求注册的国际重要湿地。湿地分布着野生动物 1 524 种，其中鸟类 268 种。

 历史人文

（一）历史故事

▶ 黄河与黄河口变迁

黄河——中华民族的母亲河，发源于青海巴颜喀拉山北麓，漫流于青藏高原，自

晚更新世冲出若尔盖盆地——松潘高原，其主流穿出青铜峡，沿着贺兰山东麓，经银川盆地，顺阴山山脉，绕鄂尔多斯台地，穿越黄土高原，中途得到渭、汾两河河水补充，带着沟壑的沙泥浊水流出三门峡，流向华北平原，经河南、山东两省，在山东省东营市垦利区境流入渤海，全长约5 464千米。据记载，周定王五年（前602）黄河在今沧州北、天津附近入海；汉明帝永平十二年（69），改道于今东营附近入海，只是那时的垦利尚在海中；金太宗天会六年（1128）至清咸丰五年（1855），出现多次黄河夺泗、夺淮于海州湾入海；而现代黄河三角洲及其黄河口则都是清咸丰五年（1855），黄河在河南兰考铜瓦厢决口改道大清河入渤海的产物。在近150年里，实际行水106年。由于上游每年数亿吨来沙，使河道淤变、河床抬升和洪水暴涨陡落，常使河岸崩塌，河水漫流，致尾闾频频摆动。1976年，黄河由刁河口改道清水沟于垦利入海，在人工强制约束下行水已达40多年，演替形成今日黄河口生态系统。

泾渭分明的河水与海水

六 保护区管理

（一）机构人员及规划建设

保护区批复后，垦利县（今东营市垦利区）高度重视保护区建设。为切实加强保护区管理，制定了保护区相关管理制度、具体管理办法、规章和建设规划，委托国家海洋局第一海洋研究所组织编制了《东营黄河口生态国家级海洋特别保护区总体规划》和生态保护与资源利用、生态恢复等专项规划，明确了保护区管理目标、任务。保护区各分区界限清晰，设有海上界址浮标和警示浮标。

（二）基础设施建设及运行

积极争取各类涉海项目资金，不断加强保护区基础设施水平。目前，规范化能力建设项目已经基本完成，建成了景观标志物、户外宣传牌（栏）、道路指示牌、海上警示浮标，购置了保护区监测巡护艇、橡皮艇各1艘；此外，还购置了会议系统、多功能数据管理平台、摄像机、执法记录仪等相关监测监视设备。

（三）保护情况

保护区批复以来，通过加强管理和宣传，申报建立国家水产种质资源保护区，开展人工增殖放流，保护区生物多样性及周围生态环境得到有效改善。在保护区周边海域，积极申报实施人工增殖放流项目，主要放流黄河口大闸蟹、中国对虾、三疣梭子蟹、海蜇、梭鱼、四角蛤蜊、菲律宾蛤仔等黄河口名优水产苗种。

（四）科普宣传

垦利县海洋与渔业局（今东营市垦利区海洋发展和渔业局）利用渤海海洋生态修

复与能力建设专项资金，申报了东营黄河口生态国家级海洋特别保护区公益宣传教育项目。海洋科普宣传场馆内设有标本展览、多媒体播放系统、电子沙盘、电子翻书系统、海洋科普知识展板、手工制作区等科教宣传设施，为普及海洋知识和增强海洋意识发挥作用。

（五）日常监测及巡查监管

保护区依托东营市垦利区海洋环境监测预报站，每年定期对保护区开展水质检测、环境监测，结合实施的国家、省、市海洋环境监测任务，对保护区重点区域进行全面监测。

东营莱州湾蛏类生态国家级海洋特别保护区

DONGYING LAIZHOUWAN CHENGLEI SHENGTAI GUOJIAJI HAIYANG TEBIE BAOHUQU

保护区环境

 保护区名片

地理位置	位于山东省东北部黄河三角洲腹地，莱州湾西岸广利河以北、青坨河以南海域
地理坐标	37°22'N ～ 37°29'N，119°03'E ～ 119°19'E
级别	国家级
批建时间	2009 年 2 月
面积	179.58 平方千米
保护对象	以小刀蛏、大竹蛏、蛴蛏等蛏类为主的多种底栖经济物种及其赖以生存的海洋生态环境
关键词	蛏类、底栖经济物种、海洋生态环境
资源数据	东营区近海海域的有机质丰富，饵料种类数量繁多；淡水渔业养殖面积 38.6 平方千米，养殖品种 23 种

保护区概况

　　东营莱州湾蛏类生态国家级海洋特别保护区位于东营市东营区境内，广利河与青坨河之间，从潮间带低潮区到水下 -10 米的水域。保护区总面积 179.58 平方千米，分为重点保护区、生态与资源恢复区和适度利用区 3 个功能区。其中，重点保护区 31.68 平方千米，生态与资源恢复区 64.38 平方千米，适度开发利用区 83.52 平方千米。

 功能分区图

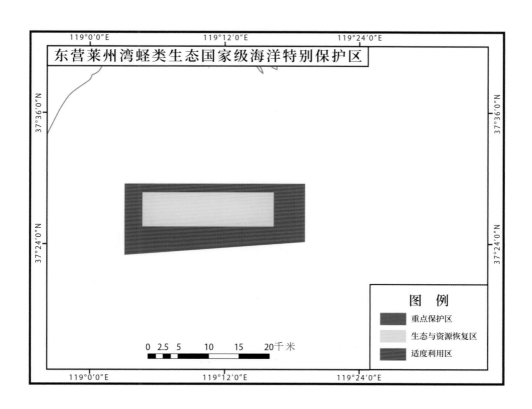

四 代表性资源

（一）动物资源

▶ 小刀蛏

学　　名	*Cultellus attenuatus*
中文别称	蟟蛸、料撬、剑蛏、白光豆蛏
分类地位	软体动物门双壳纲帘蛤目刀蛏科刀蛏属
自然分布	在我国分布于辽宁、河北、天津、山东、浙江、福建、广东、广西、海南、台湾等地沿海

小刀蛏

小刀蛏贝壳脆薄，左右侧扁平，前部比后部稍宽，略似刀形。顶壳位于背缘表面淡黄色，两壳大小相等，壳高约为壳长的 1/3，壳宽约为壳高的 1/2。壳顶位于背缘靠前方，自壳顶至贝壳前端的距离约占壳长的 1/5～1/4。背腹缘略平行，腹缘中部微凹，前后缘呈圆形。韧带短小，黑褐色，稍突出壳面。壳表面稍突，光滑，被有很薄的淡黄褐色外皮，外皮向壳缘内侧卷曲。壳内面灰白色，铰合部狭小。左壳有 3 个主齿，右壳有 2 个主齿。足部肌肉极发达，侧扁。生活在潮间带中、低潮区和浅海的泥沙中。

小刀蛏

大竹蛏

▶ 大竹蛏

学　　名	*Solen grandis*
分类地位	软体动物门双壳纲真瓣鳃目竹蛏科竹蛏属
自然分布	在我国沿海广泛分布

　　大竹蛏贝壳竹筒状，前后端开口，壳长为壳高的 4 ~ 5 倍。贝壳前缘截形，后缘近圆形。背腹缘直且平行，壳顶不明显。壳表生长线明显，常有淡红色带，被有一层具光泽的黄褐色壳皮；壳内面为白色，常有淡红色略带紫色带。绞合部小，左右各有 1 枚主齿。栖息于潮间低潮区至潮下带浅水区沙质底。

大竹蛏

▶ 缢蛏

学　　名	*Sinonovacula constricta*
中文别称	青子、蛏子、毛蛏蛤、毛蛏、泥蛏
分类地位	软体动物门双壳纲真瓣鳃目竹蛏科 缢蛏属
自然分布	在我国沿海广泛分布

缢蛏

缢蛏壳薄，呈长方形。壳表面被黄绿色壳皮。壳顶低平，位于背部前端1/4处。壳前缘呈圆弧形，后缘近截形，腹缘微内陷。生长线较粗糙。自壳顶到腹缘有1条斜的缢沟。壳内面白色。外套窦短，仅为壳长的1/3，腹缘部分同外套线愈合。右壳铰合部有2个齿；左壳有3个齿，中央者较大且顶端分叉。栖息于河口区有淡水注入的软泥中。

（二）港口资源

▶ 广利港

广利港位于广利河下游入海处，建于1984年，由胜利油田投资，1986年9月建成通航。1991年，由于航道回淤严重，加之河口拦门沙影响，较大的货船已无法驶入。1992年，胜利油田将广利港移交东营市转为渔港使用。

广利港港口面积47万平方米，岸线长15千米，港池面积16万平方米，主体码头420米。目前，广利港有生产性码头泊位6个，其中800吨级泊位2个、500吨级泊位4个，以用作渔船靠泊使用。

广利港

广利港沿岸海底较为平坦，浅海底质泥质粉沙占 77.8%，沙质粉沙占 22.2%。海水透明度为 32 ～ 55 厘米。海水温度、盐度受大陆气候和黄河径流的影响较大。冬季沿岸有 3 个月冰期，海水流冰范围为 5 ～ 10 海里，盐度在 30 左右；春季海水温度为 12℃ ～ 20℃，盐度为 22 ～ 31；夏季海水温度为 24℃ ～ 28℃，盐度为 21 ～ 30。

港口上下 15 千米河道可锚港避风，可停靠渔船 1 500 艘。码头南岸建有 1 000 吨冷藏加工厂。广利港是东营市最大的渔港。在广利港区新建渔民新村 3 个，有渔民 142 户，人口 1 053 人，拥有渔船 300 艘，总功率计 34 962 千瓦。

在新的形势下，广利港这个原来的小渔港将迎来大的转变。2014 年 7 月 1 日，《东营港广利港区总体规划》正式通过山东省批复，广利港正式迎来开工建设。按照规划，广利港区的发展方向是东营港的重要组成部分、东营经济技术开发区发展的重要支撑、东营市发展临港产业的重要平台。广利港区以散货、杂货运输为主，兼顾集装箱和滚装运输，主要服务于东营经济技术开发区临港产业和东营市东部地区生产生活物资运输。

东营市是黄河三角洲高效生态经济区建设的主战场，而广利港位于广利河口处，后方紧邻东营经济技术开发区临港产业区和规划滨海新城，地理位置优越，经济依托条件良好。规划建设后的广利港，将成为东营市建成高效生态经济区的关键。

 保护区管理

为进一步加强对海洋特别保护区的监管，东营市东营区海洋与渔业局（今东营市东营区海洋渔业发展服务中心）在其海域管理股设立了东营莱州湾蛏类生态国家级海洋特别保护区临时管理办公室，配备兼职工作人员 3 名。临时管理办公室完善了保护区各项具体管理办法、规章和建设规划。东营市东营区海洋与渔业局集科研、宣教、办公为一体的 3 000 平方米的广利港中心大楼建设完成后，保护区管理中心在其中占了 500 平方米。

保护区在人类活动比较频繁的区域，设立了保护界碑、标志性建筑物，同时在保护区重点保护区新设海上浮标4处。保护区还建立海洋动态监控室、大屏幕高清远程视频系统、信息管理系统，对保护区实行了全覆盖动态监控，配合东营市海洋环境监测预报中心，完成年内保护区监测工作。工作重点是水质、水样、底土等进行定位取样化验。通过对保护区近几年来的资源、生物、环境、气象等演变规律和变化情况进行全面细致的科学普查，收集汇总了大量的技术资料、调查数据和影像资料。

东营市东营区海洋与渔业局还在保护区管理站中心内设立了室内设有标本展览、多媒体播放系统、电子沙盘、电子翻书系统、海洋科普知识展板等宣传设施，为普及海洋知识和增强海洋意识发挥作用。

自2009年获批成为国家级海洋特别保护区以来，临时管理办公室先后委托中国海洋大学、国家海洋局第一海洋研究所（今自然资源部第一海洋研究所），每年对保护区内资源分布、环境质量情况调查监测，为保护区建设提供科学依据。同时，保护区还在重点保护区内实施了小刀蛏5 203.47万粒、蛏蛏4 375万粒、杂色蛤仔10 510.51万粒的3种生物种群的修复活动，以恢复保护区内的蛏类种群，促进保护区内的生态平衡。

为进一步加强执法能力建设，为保护区配有手持GPS、取证等设备，依托"中国海监4028"船，对保护区建立定期巡查制度。同时，保护区与广利港渔民协会进行合作，依托其两艘330千瓦钢壳管护船，保护区抽调专人跟船对保护区管护监督，及时查处海洋特别保护区从事养殖、采捕等违法活动或破坏保护区生态环境的现象。

东营广饶沙蚕类生态国家级海洋特别保护区

DONGYING GUANGRAO SHACANLEI SHENGTAI GUOJIAJI HAIYANG TEBIE BAOHUQU

东营广饶沙蚕类生态国家级海洋特别保护区

 保护区名片

地理位置	位于渤海莱州湾西岸近岸，广饶县 -5 米海洋海域
地理坐标	37°17'N ～ 37°21'N，118°50'E ～ 119°10'E
级别	国家级
批建时间	2009 年 2 月
面积	73.56 平方千米
保护对象	以双齿围沙蚕为主的多种底栖经济物种及其赖以生存的海洋生态环境
关键词	沙蚕养殖、优质沙蚕群体的核心分布区、湿地浅海生物
资源数据	保护区内有浮游植物 48 种、浮游动物 33 种、底栖动物 36 种、潮间带动物 20 种、渔业资源种类 40 种

保护区概况

　　东营广饶沙蚕类生态国家级海洋特别保护区于2009年经国家海洋局批准建立，是国家公益性海洋建设项目。保护区总面积73.56平方千米，分为3个功能区。其中，重点保护区24.25平方千米，生态与资源恢复区33.50平方千米，适度利用区15.81平方千米。

　　保护区地处黄河三角洲地区，滩涂广阔，坡度平缓，为沙蚕及其他湿地浅海生物的栖息提供了得天独厚的条件，因而成为我国优质沙蚕群体的核心分布区。沙蚕在海洋生态系统物质循环和能量流动中扮演重要角色，是海洋生态系统功能完善不可缺少的组成部分。

保护区鸟瞰图

 功能分区图

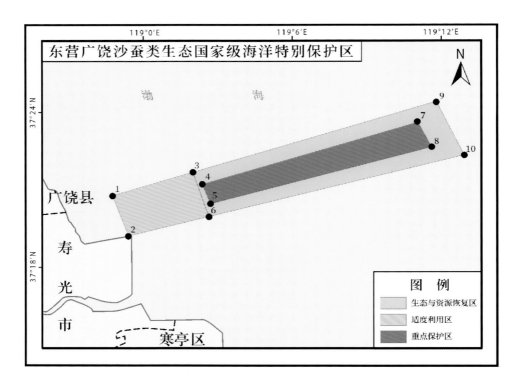

 代表性资源

（一）动物资源

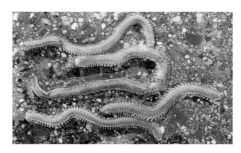

双齿围沙蚕

▶ **双齿围沙蚕**

学　　名	*Perinereis aibuhitensis*
中文别称	沙虫且、沙蚕、青虫
分类地位	环节动物门多毛纲叶须虫目沙蚕科围沙蚕属
自然分布	在我国黄海、渤海、东海、南海均有分布

双齿围沙蚕为中大型沙蚕，体长 20 ~ 30 厘米，具 230 余个刚节。身体背部呈绿色，中央有 1 条背血管。腹面红白相间，正中央有 1 条腹血管。口前叶前窄后宽，似梨形。触手稍短于触角。最长触须后伸达第 6 ~ 8 刚节。大颚具 6 ~ 7 个侧齿。体中、后部疣足上、下背舌叶变尖细，须长于背须。所有背刚毛均为等齿刺状，腹刚毛为等齿刺状、异齿刺状或镰刀状。

双齿围沙蚕在春天及初夏繁殖。它们的疣足会扩大，并产卵及排精。在产卵及排精后，它们便会死亡。双齿围沙蚕幼虫会浮游生存，当成长至成为环节动物会沉回水底。

双齿围沙蚕常见于近岸河口区滩涂沉积质生境，是我国最主要的经济沙蚕类。其个大品质好，是做钓饵的上好品种，为我国出口沙蚕的主要品种。

▶ 多齿围沙蚕

学　名	*Perinereis nuntia*
中文别称	红沙蚕、红青虫、红虫
分类地位	环节动物门多毛纲叶须虫目沙蚕科围沙蚕属
自然分布	在我国黄海、渤海、东海、南海均有分布

多齿围沙蚕

多齿围沙蚕体长可达 100 厘米。口前叶梨形，2 对眼位于口前叶后部。触角基节膨大。最长触须后伸达第 3 ~ 9 刚节。体前部疣足的上、下背舌叶末端钝圆，背须长于上背舌叶。体中、后部疣足上、下背舌叶都延伸为三角形，末端尖。背刚毛为等齿刺状，腹刚毛为等齿刺状、异齿刺状或镰刀状。

多齿围沙蚕产卵量一般为 20 000 ~ 30 000 粒。受精卵在水温 20℃以下时不能正常发育，但在 23℃ ~ 30℃时可发育孵出幼体。

多齿围沙蚕常见于河口滩涂潮间带，通常栖居于潮间带中或上区混有泥沙和石块的底质中。大潮时，底质暴露在空气的时间为 5 ~ 11 小时。 现为主要养殖种，体长与双齿围沙蚕相似，可做钓饵，是我国主要的出口沙蚕种类之一。

疣吻沙蚕

▶ **疣吻沙蚕**

学　　名	*Tylorrhynchus heterochaetus*
中文别称	沙虫、禾虫、海沙虫
分类地位	环节动物门多毛纲叶须虫目沙蚕科疣吻沙蚕属
自然分布	在我国分布于黄海、渤海、东海、南海的河口区

疣吻沙蚕体细长，为中等大的沙蚕，具 80 多个刚节，体长 45 ~ 80 毫米。头部短而宽。眼大，有两对。吻部具软突起，无小齿。口的叶触肢大，但触手较短，围口节触须 4 对。前 2 对或 3 对疣足无背肢和刚毛，第 4 对开始具有少数很小的刚毛，以后逐渐变大。体中部背须具大基叶，腹须同长，背肢较小。刚毛较长而多，均为复刚毛。肛门节小，末端具一对小肛须。体前端背面至口腔基部呈绿褐色，后部略带红色，背部中央为淡红色。

疣吻沙蚕一年之中有两个繁殖季节，分别是农历四五月和农历九十月的大潮期。疣吻沙蚕为雌雄异体，怀卵量为 20 万 ~ 30 万粒。

疣吻沙蚕生活于潮间带中、低潮区的泥沙滩中，河口附近常发现，是鱼类喜爱的饵料。但是，疣吻沙蚕栖于河口稻田时，常啃食稻根，给稻农造成损失，是农业上的一种害虫。

▶ 异须沙蚕

学　　名	*Nereis heterocirrata*
分类地位	环节动物门多毛纲叶须虫目沙蚕科沙蚕属
自然分布	在我国分布于黄海、渤海、东海

异须沙蚕

异须沙蚕体长可达 100 毫米，体宽（含疣足）可达 8 毫米，具 85 ~ 100 个刚节。体呈黄褐色，口前叶、触角和体前部背面具浅咖啡色色斑。口前叶梨形，前缘平滑。围口节触须 4 对。仅腹面的 1 对短，为粗指状；余为长须状，最长者后伸可达第 3 ~ 4 刚节。吻仅具圆锥形颚齿。吻端大颚具侧。除前两对疣足为单叶型外，余皆为双叶。体前部双叶型疣足，背腹舌叶青大小近等的圆锥形，背腹须须状。体中部疣足舌叶变细，上背舌叶稍长于下背舌叶。体后部疣足上背舌变大增长为矩形。背须位其顶端。背须基部附近有一突起。前部疣足背刚毛均为复型等齿刺状，体中后部背刚毛被 2 ~ 4 根端片具侧齿的复型等齿刀形毛替代。腹刚毛在腹足刺上方为复型等齿刺状或异齿镰刀状，下方为复型异齿刺状或异齿镰刀形。

异须沙蚕为潮间带岩岸中区和下区的优势种，栖于牡蛎带和珊瑚藻、马尾藻、黏膜藻群落。

▶ **溪沙蚕**

学　名	*Namalycastis abiuma*
分类地位	环节动物门多毛纲叶须虫目沙蚕科溪沙蚕属
自然分布	在我国黄海、渤海、东海、南海均有分布

溪沙蚕

溪沙蚕体长可达110毫米，宽（含疣足）可达5毫米，具127～195个刚节。除触手和触角基部无色外，余均为红褐色。口前叶前缘中央具纵沟。围口节触须最长者后伸可达第3刚节。吻表面光滑，无几丁质颚齿和乳突，疣足皆为亚双叶型，背刚叶退化，具1根黑色的足刺。第1对疣足背须小，腹刚叶钝圆。腹刚毛大部分仍在疣足内，仅端片在外。自第2对疣足始，背须逐渐增大为叶片状或长指状。体中后部疣足为叶片状至长指状，具钝的前腹刚叶和分为两叶的后腹刚叶。腹刚毛为复型异齿刺状和端片光滑或具齿的复型异齿镰刀形。

溪沙蚕多栖于河口岸边的淤泥中。

▶ **腺带刺沙蚕**

学　名	*Neanthes glandicincta*
分类地位	环节动物门多毛纲叶须虫目沙蚕科刺沙蚕属
自然分布	在我国分布于黄海、渤海、东海、南海沿海河口区

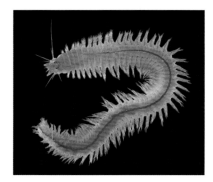

腺带刺沙蚕

腺带刺沙蚕体淡黄或乳白色。体前部背面，特别是疣足上背舌叶褐色。体长可达70 毫米，具 100 多个刚节，口前叶前缘无缺刻。最长触须后伸可达第 3 ~ 4 刚节。吻的颚环各区皆具颚齿，口环部分具颚齿。大颚透明，呈金黄色，具 5 ~ 6 个侧齿。前两对疣足，为单叶型，背腹须细指状，背须略短于背舌叶，背腹舌叶锥状，腹刚叶具 2 个前刚叶和 1 个后刚叶。体前部双叶型疣足，背舌叶三角形，下背舌叶尖锥形，背刚叶为 1 小突，2 个腹刚叶和 1 个后腹刚叶均为尖锥状，腹舌叶三角形。中部约第 50 对疣足，背腹须、背腹舌叶都变无背刚叶，腹刚叶同前略稍小。体后部第 100 对疣足变小，腹刚叶为前后两片。背刚毛均为复型等齿刺状。腹刚毛为复型等齿刺状或异齿刺状。从第 20 刚节后，腹足刺下方具 2 ~ 5 根端片细长的复型异齿镰刀状刚毛。

腺带刺沙蚕主要分布于河口区的盐田岸边，钻穴而居。可造成盐池渗漏，危害制盐业。

五 保护区管理

保护区建立以来，先后由原广饶县海洋与渔业局、广饶县自然资源局进行管理。广饶县海洋与渔业局为保护区制定了《东营广饶沙蚕类生态国家级海洋特别保护区建设管理方案》，并严格按管理方案对保护区进行管理；并依托所属中国海监船，对保护区进行定期巡查执法管理。

目前，保护区已申请到中央分成海域使用金支出、山东省渤海海洋生态修复及能力建设等项目共计 2 100 多万元的资金支持，主要用于开展保护区管理的基础设施、技术方法、管护措施、科研监测能力、科教宣传、标准规范等软硬能力的建设。保护区对保护区基础管护设施进行完善，主要包括景观大门、标志物、界碑、界桩、海上界址浮标、道路指示牌、电力及通信设施等；对保护区监测监管设施进行完善，主要包括建立保护区监管中心、购置所需的服务器硬件与软件、显示设备、视频会议系统、

多功能数据管理平台、保护区地理信息管理、监测巡护工作船、视频监控等保护区日常监测与监管所需设备；进行宣教设施的建设，主要包括宣教中心内的标本购置、展板设计与制作、多媒体设备、电教设备、室外宣传牌、室外宣传栏、保护区网站等。

保护区宣教中心

保护区宣教中心

莱州浅滩海洋生态国家级海洋特别保护区

LAIZHOU QIANTAN HAIYANG SHENGTAI GUOJIAJI HAIYANG TEBIE BAOHUQU

 保护区名片

地理位置	位于山东半岛西北、渤海南部的莱州湾东部
地理坐标	37°20'N ~ 37°29'N，119°43'E ~ 119°51'E
级别	国家级
批建时间	2012 年 12 月
面积	67.80 平方千米
保护对象	莱州浅滩砂矿资源以及鱼类、蟹类等水生生物的产卵场
关键词	鱼类产卵场、海积地貌、优质石英砂
资源数据	拥有近 6 亿立方米的优质石英砂资源，是三疣梭子蟹、中国花鲈、文昌鱼等的产卵、育幼场

二 保护区概况

　　莱州浅滩为山东半岛北岸规模最大的近岸水下堆积地貌体，浅滩及附近海岸拥有近 6 亿立方米的优质石英砂资源和以莱州浅滩、三山岛为中心的产卵场，是黄渤海鱼类的重要产卵场和育幼场。为加强对该区域的综合保护和科学管控，2008 年申请设立莱州浅滩海洋生态省级海洋特别保护区，2012 年获批设立莱州浅滩海洋生态国家级海洋特别保护区。保护区位于莱州湾东岸水深在 0 ~ 6 米之间的湿地区域，总面积 67.80 平方千米。其中，重点保护区 23.95 平方千米，生态与资源恢复区 19.12 平方千米，适度利用区 24.73 平方千米。

　　莱州浅滩海洋生态国家级海洋特别保护区属于典型的浅滩海洋生态系统，同时具有丰富且优质的海沙资源，可以为鱼类产卵、育幼提供良好的环境，是三疣梭子蟹、鲈鱼、文昌鱼等的产卵、育幼场。其中，文昌鱼有"活化石"之称，是研究动物进化和系统发育的重要材料，具有重要科研价值。

莱州浅滩海洋生态国家级海洋特别保护区

 三　功能分区图

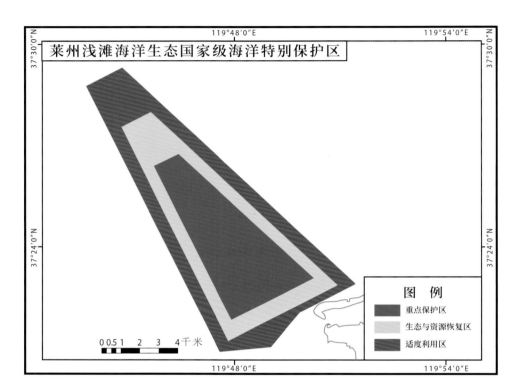

四　代表性资源

（一）动物资源

▶ **三疣梭子蟹**

三疣梭子蟹

学　名	*Portunus trituberculatus*
中文别称	三齿梭子蟹、枪蟹、飞蟹、蠘
分类地位	节肢动物门软甲纲十足目梭子蟹科梭子蟹属
自然分布	在我国分布于辽宁、河北、天津、山东、浙江、福建、广东、广西等地沿海

三疣梭子蟹胸甲呈梭形，稍隆起，表面具分散的颗粒，在鳃区的较粗而集中。此外，又有横行的颗粒隆线3条，胃区、左鳃区、右鳃区各1条。疣状突起共3个：胃区1个，心区2个。额分两锐齿，较眼窝背缘的内齿略小，眼窝背绿的外齿相当大，眼窝腹缘的内齿长大而尖锐，向前突出。口上脊露出在两个额齿之间。前侧缘包括外眼窝齿共具9齿，末齿长大，呈刺状。螯足发达，长节呈棱柱形，前缘具4锐刺，腕节的内、外缘末端各具1刺，后侧面具3条颗粒隆线，掌节在雄性甚长，背面两隆脊的前端各具1刺，外基角具1刺。可动指背面具2隆线，不动指外面中部有一沟。两指内缘均具钝齿。第四对步足呈桨状，长。腕节均宽而短，前节与指节扁平，各节边缘具短毛。雄性蓝绿色，雌性深紫色。头胸甲长82毫米，宽149毫米（包括侧刺）。

　　三疣梭子蟹生活于水深10～30米的沙泥质或沙质海底，常隐藏在一些障碍物旁边或埋伏沙下躲避敌人。喜食动物的尸体，也常捕食小鱼及水藻的嫩叶等。

　　三疣梭子蟹4月至7月初为产卵季节。

中国花鲈

▶ 中国花鲈

学　　名	*Lateolabrax maculatus*
中文别称	日本真鲈、花鲈、鲁鱼、青鲈、鲈板、寨花、花寨、鲈子、海鲈鱼
分类地位	脊索动物门辐鳍鱼纲鲈形目真鲈科花鲈属
自然分布	在我国分布于黄海、渤海、东海、南海、台湾海域

　　中国花鲈体呈长纺锤形。吻端尖，口裂大；下颌较上颌突出，具上颌辅骨。两颌和犁骨、腭骨均具绒毛状细齿。前鳃盖骨后缘有细锯齿，隔角及下缘有钝棘。主鳃盖骨有2枚棘。体被小栉鳞，侧线完全。尾鳍浅叉形。体背侧灰褐色，腹侧银白色，侧

线上方和背鳍鳍棘部散布黑色斑点。为暖温性底层鱼类。栖息于近岸浅海以及内湾河口处，亦可溯入淡水。

（二）矿物资源

▶ 石英砂

石英砂是一种坚硬、耐磨、化学性能稳定的硅酸盐矿物，主要成分是二氧化硅。颜色为乳白色或无色半透明状，莫氏硬度7，有油脂光泽，密度为2.65克/立方厘米。堆积密度1～20目为1.6～1.8克/立方厘米，20～200目为1.5克/立方厘米。其化学、热学和机械性能具有明显的异向性。不溶于酸，微溶于强碱溶液。熔点1 750℃。

石英砂

（三）旅游资源

▶ 三山岛

三山岛在莱州市城区北27千米处，原是海中岛屿，后经历沧桑之变，与陆地相连，成为半岛。三山毗连，突兀挺拔，风光秀丽，自古便有海上"三神山"之称。三山，中山稍前，东、西两山拱立相依，山势北陡南缓。西山之峰，有一矩形岩石，顶面平整如席，传为"神仙炕"。攀登岩石而上，到绝顶处，其岩石雄伟险峻，将倾欲飞，故曰"飞来峰"，为三山最高处。东峰峭立如削，有赤岩壁。壁间泉涌，似珠帘悬挂，俗称"芙蓉泉"。日照赤岩壁，五彩飞虹，斑斓绚丽。三山岛有天然的内海港口，远

三山岛

在隋唐时期，就是东莱地区重要的通商口岸。今日的三山岛，更以独特的风韵，向世人展现出时代的新姿。

五 历史人文

（一）历史故事

 三山岛

齐地有八神之说，一般认为周代以前就有，也有人认为姜太公被封到齐国后才有的。八神之中的阴主的祭祀之地就在三山岛。东莱地区是道教文化的发祥地之一，早在春秋时期这里就有方士活动。

秦始皇二十八年（前219），秦始皇第一次东巡，登三山岛祭祀阴主。三山岛中峰顶有一平坦"盏石"，凿有9个酒樽、9双筷子和1个手掌印。据传，这便是秦始皇祭祀阴主之地。元封元年（前110），汉武帝东巡寻仙，在三山岛祭祀阴主。古时，

三山岛牌坊

三山岛上有三山亭，据传就是汉武帝登三山岛时下令修建的。有学者认为，征和四年（前89）汉武帝行幸东莱之时，也到过三山岛。隋唐时期，三山岛上的港口是重要的军事和交通港口。明代时，为抵御倭寇和海盗侵扰，在此地设寨，驻扎水师，并在山上筑有炮台。清代时，依然有水师驻扎于此。

历史上，许多文人墨客来此观海访古。宋代大文学家苏轼（1037—1101）《过莱州雪后望三山》云："东海如碧环，西北卷登莱。云光与天色，直到三山回。"其《再和二首（其一）·忆观沧海过东莱》云："忆观沧海过东莱，日照三山迤逦开。"清人孙扩图（1718—1789）有《三山望潮》云："山势浮疑动，潮声起旋开。将为风引去，不是雨催来。乍吐天边日，还腾地分雷。乾坤方纵目，岂但小东莱。"

（二）民间传说

▶ 锁金山的传说

在古代，当地传说在三山岛中有金矿。在三山中峰的半山腰，有3块巨石叠在一起，形似门锁。相传山中藏有黄金，这3块巨石就是锁住金山的门锁。谁能打开门锁的钥匙，就能取出山中藏的黄金。清代文人毛赟（1683—1767）《三山游记》载："三山东麓石色如赭，似铁似煤，黄而黑，赤而紫。或曰下有金，蒸为异彩……相传明神宗末矿使采金处，余拾一石子……剖之，有金屑。"许多人相信这些传说。民国时期，就曾有山东招远人在山之东侧采炼提金。1966年，山东省地质局第六地质队经过3年多的勘探，认定三山岛中蕴藏着一个特大型的金矿。1978年，三山岛金矿开始筹建。1989年，正式建成投产。

三山岛金矿区

 六　保护区管理

（一）有效组织，制度保障

保护区批复后，莱州市海洋与渔业局（今莱州市海洋发展和渔业局）成立了特别保护区工作领导小组，从海监、渔政、海域、环保各方面抽调精干力量组成专门的管理部门，通过多部门参与、多方面合作、多层次布点，确保各项保护管理工作逐步走向规范化、法制化。

（二）高点定位，规划先行

2012年，保护区委托中国海洋大学编制完成《莱州浅滩海洋生态国家级海洋特别

保护区管理方案》。2015 年，完成《莱州浅滩海洋生态国家级海洋特别保护区总体规划》（简称《总体规划》）的编制工作。前期，《总体规划》已经过山东省海洋与渔业厅（今山东省海洋局）的专家评审。

（三）广泛宣传，管控结合

保护区利用"海洋宣传日"等社会活动，加大海洋保护区知识的宣传工作。每年在保护区内进行增殖放流等海洋资源修复活动。建立起针对保护区的海监专门执法力量，采取常态化巡航、突击检查等多种执法手段，高密度覆盖保护区海域。配合烟台市海洋环境监测预报中心每年对保护区进行监测，监测内容包括水质、底栖生物等。

（四）科学定位，有序进行

2014 年，保护区的建设列入山东省渤海海洋生态修复及能力建设项目中，计划投入资金 531.1 万元。2016 年 9 月，该项目完成并通过初步验收。项目建设内容已全部完成。

当前存在的问题：首先，机构、人员、经费缺失，这是困扰保护区建设的首要问题；其次，宣传教育不够广泛，全社会关心、支持保护区发展的氛围还没有真正形成；最后，生态压力逐年增加。

（五）下一步打算

莱州浅滩海洋生态国家级海洋特别保护区的管理工作由原莱州市海洋与渔业局委托给莱州市海洋环境监测站，由莱州市海洋环境监测站和莱州市金仓街道办事处及其他社会力量共建共管的方式进行管理。在机构、人员长期得不到解决的情况下，考虑建立起以莱州市海洋环境监测站和莱州市金仓街道办事处共建共管为主，劳务派遣为补充的管理队伍。

由保护区管理机构牵头，联合新闻单位和有关部门开展对莱州浅滩砂矿资源以及鱼类、蟹类等水生生物的产卵场及合理利用湿地资源的重要性、紧迫性为主题，积极开展一系列科普宣教活动，提高社区居民保护自然资源，爱护自然环境的意识。

山东昌邑国家级海洋生态特别保护区

SHANDONG CHANGYI GUOJIAJI HAIYANG SHENGTAI TEBIE BAOHUQU

山东昌邑国家级海洋生态特别保护区

 保护区名片

地理位置	位于山东省昌邑市北部堤河以东、海岸线以下的滩涂上
地理坐标	37°04'N ~ 37°08'N，119°20'E ~ 119°24'E
级别	国家级
批建时间	2007 年 10 月
面积	29.29 平方千米
保护对象	以柽柳为主的滨海湿地生态系统和海洋生物
关键词	天然柽柳林、碱地之宝、海上防风带
资源数据	保护区内有浅水海域、滩涂、盐沼、柽柳湿地等天然湿地，天然柽柳林近 20 平方千米

二 保护区概况

山东昌邑国家级海洋生态特别保护区地处渤海莱州湾南岸，是山东省境内成立的首个国家级海洋生态特别保护区。保护区总面积 29.29 平方千米，其中重点保护区 6.55 平方千米，生态与资源恢复区 8.76 平方千米，适度利用区 13.98 平方千米。主要保护对象为以柽柳为主的滨海湿地生态系统和海洋生物。该保护区是我国唯一以柽柳为主要保护对象的国家级海洋生态特别保护区，它的建立对维护海洋及海岸生态系统，保护海洋生物多样性，净化空气、防风固沙、保护防潮大堤安全、防止海岸侵蚀，改善脆弱的莱州湾生态系统都有着极其重要的意义。

保护区生态类型多样，主要有浅水海域、滩涂、盐沼、柽柳湿地等天然湿地类型。区内植被茂盛，生物种类繁多，海洋生物资源丰富，有芦苇、盐地碱蓬、荻、二色补血草和其他多种植物；有白天鹅、大雁、野鸭、野鸡等多种鸟类；有野兔、獾、狐狸、黄鼬、狸猫等野生动物；潮间带大型底栖动物群落物种丰富，有四角蛤蜊、彩虹明樱蛤、长竹蛏、泥螺等。

保护区内天然柽柳林达近 20 平方千米，约占保护区总面积的 70%，其规模和密度在全国滨海盐碱地区罕见，具有极高的科学考察和旅游开发价值。每年 5 月柽柳开始抽生新的花序，5 ~ 9 月的几个月内，保护区内一片花海，花谢花开，三起三落，绵延不绝，与其他海岸风光相比，具有一种截然不同的风情。在这里，柽柳深深扎根在海边的淤泥滩涂中，连片成林，犹如一道道绿色的海堤，长年抵御着汹涌海水的冲击。

三 功能分区图

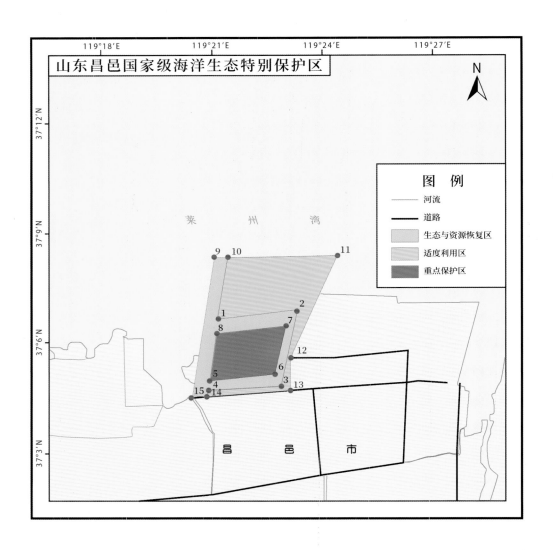

四 代表性资源

（一）动物资源

▶ 四角蛤蜊

四角蛤蜊

学 名	*Mactra quadrangualarts*
中文别称	方形马珂蛤、四角蛤、白蚬子、泥蚬子、布鸽头、白蛤
分类地位	软体动物门双壳纲帘蛤目蛤蜊科蛤蜊属
自然分布	在我国黄海、渤海、东海、南海均有分布

四角蛤蜊壳高 3.4 ~ 4.6 厘米，壳长 3.6 ~ 3.9 厘米，壳宽 2.6 ~ 3.7 厘米。壳坚厚，略呈四角形。两壳极膨胀。壳顶突出，位于背缘中央略靠前方，尖端向前弯。壳具外皮，顶部白色，幼小个体呈淡紫色，近腹缘为黄褐色，腹面边缘常有一条很窄的边缘。生长线明显粗大，形成凹凸不平的同心环纹，壳内面白色。铰合部较宽。左壳铰合部有 1 个"人"字形主齿；前、后侧齿各 1 个，呈片状。右壳主齿"八"字形，前、后侧齿双齿形。左壳单片，右壳双片。外韧带小，淡黄色；内韧带大，黄褐色。闭壳肌痕显明，前闭壳肌痕稍小，呈卵圆形，后闭壳肌痕稍大，近圆形，外套痕清楚，接近腹缘。

四角蛤蜊为埋栖型贝，生活于潮间带中下区及浅海的泥沙滩中。属广温广盐性贝类，生存适温为 0℃ ~ 30℃，适合盐度为 14 ~ 37。

彩虹明樱蛤

▶ **彩虹明樱蛤**

学　名	*Moerella iridescens*
中文别称	虹光亮樱蛤、彩虹樱蛤、梅蛤、扁蛤
分类地位	软体动物门双壳纲帘蛤目樱蛤科明樱蛤属
自然分布	在我国黄海、渤海、东海均有分布

　　彩虹明樱蛤壳长卵形，壳质薄脆。一般壳长 1 ~ 2 厘米。前端圆，后端背缘斜向后腹方呈截形。壳表面平滑，生长纹细密，无放射肋。壳表白带粉红色。绞齿盘有主齿和前后侧齿。韧带筒状。水管发达，水管下有十字形肌肉。套线湾非常深。两壳多相等，壳蚀简单，壳顶多不太突出，多有外套弯。前后两端或一端张开。

　　彩虹明樱蛤的埋栖深度与年龄、气候有关。1 贝龄埋栖深度为 4 ~ 5 厘米，2 龄贝埋栖深度为 7 ~ 8 厘米。春秋两季栖息深度稍浅；夏冬两季栖息深度略深，可达 10 厘米。彩虹明樱蛤对底质有较强的适应能力，细沙涂、粉沙涂、黏涂均适合其生长。随着季节的转化，彩虹明樱蛤有转滩迁移现象。春季，以在中潮带下区为多；冬季，在低潮带及潮下带为多，而在中潮带很难发现。

　　4 ~ 9 月为采捕期。5 ~ 8 月初，彩虹明樱蛤的肥满程度和鲜出肉率为最高，正是沿海地区大量采捕上市的时候。但是，此时亦正值繁殖期，采捕对其资源破坏较大。应尽量控制采捕量，以达到保护资源、增殖资源的目的。

（二）植物资源

柽柳

▶ **柽柳**

学　名	*Tamarix chinensis*
中文别称	垂丝柳、西河柳、西湖柳、红柳、阴柳
分类地位	被子植物门双子叶植物纲侧膜胎座目柽柳科柽柳属
自然分布	在我国野生于辽宁、河北、河南、山东、江苏北部、安徽北部等地，栽培于我国东部至西南部各省区市

　　柽柳植株高一般高 3 ～ 6 米，最高可达 8 米。老枝直立，暗褐红色，光亮；幼枝稠密细弱，常开展而下垂，红紫色或暗紫红色，有光泽；嫩枝繁密纤细，悬垂。叶鲜绿色，从新生木质化生长枝上生出的绿色营养枝上的叶长圆状披针形或长卵形，长 1.5 ～ 1.8 毫米，稍开展，先端尖，基部背面有龙骨状隆起，常呈薄膜质；上部绿色营养枝上的叶钻形或卵状披针形，半贴生，先端渐尖而内弯，基部变窄，长 1 ～ 3 毫米，背面有龙骨状突起。每年开花两三次。春季开花，总状花序侧生在生木质化的小枝上，长 3 ～ 6 厘米，宽 5 ～ 7 毫米，花大而少，较稀疏而纤弱点垂，小枝亦下倾；有短总花梗，或近无梗，梗生有少数苞叶或无；苞片线状长圆形，或长圆形，渐尖，与花梗等长或稍长；花梗纤细，较萼短；花 5 出；萼片 5 枚，狭长卵形，具短尖头，略全缘，外面 2 片，背面具隆脊，长 0.75 ～ 1.25 毫米，较花瓣略短；花瓣 5 个，粉红色，通常卵状椭圆形或椭圆状倒卵形，稀倒卵形，长约 2 毫米，较花萼微长，果时宿存；花盘 5 裂，裂片先端圆或微凹，紫红色，肉质；雄蕊 5 枚，长于或略长于花瓣，花丝着生在花盘裂片间，

自其下方近边缘处生出；子房圆锥状瓶形，花柱3枚，棍棒状，长约为子房的1/2。蒴果圆锥形。夏、秋季开花；总状花序长3～5厘米，较春生者细，生于当年生幼枝顶端，组成顶生大圆锥花序，疏松而通常下弯；花5出，较春季者略小，密生；苞片绿色，草质，较春季花的苞片狭细，较花梗长，线形至线状锥形或狭三角形，渐尖，向下变狭，基部背面有隆起，全缘；花萼三角状卵形；花瓣粉红色，直而略外斜，远比花萼长；花盘5裂，或每一裂片再2裂成10裂片状；雄蕊5枚，长等于花瓣或为其2倍，花药钝，花丝着生在花盘主裂片间，自其边缘和略下方生出；花柱棍棒状，其长等于子房的2/5～3/4。花期4～9月。

柽柳喜生于河流冲积平原，海滨、滩头、潮湿盐碱地和沙荒地。其耐高温和严寒；为喜光树种，不耐遮阴。能耐烈日曝晒，耐干又耐水湿，抗风又耐碱土，能在含盐量1%的重盐碱地上生长。深根性，主侧根都极发达，主根往往伸到地下水层，最深可达10米余，萌芽力强，耐修剪和刈割。生长较快，年生长量50～80厘米，大量开花、结实，树龄可超过100年。

柽柳林

怪柳的繁殖主要有扦插、播种、压条和分株以及试管繁殖。怪柳对土壤要求不严格，既耐干旱，又耐水湿和盐碱。但是，为了培育全苗、壮苗，育苗地以选择土壤肥沃、疏松透气的沙壤土为好。各种怪柳种子成熟期不一致，有的种在 5 ~ 6 月成熟，有的种则在秋季成熟。种子成熟后，果开列，吐絮，随风飞扬，所以一定要及时采集。采种时，选择生长旺盛的植株，采收果实荫干，干所贮存，以防霉烂。

▶ 荻

学 名	*Triarrhena sacchariflora*
中文别称	荻草、荻子、抱羔子草、山苇子、红刚芦、红柴等
分类地位	被子植物门单子叶植物纲禾本目禾本科荻属
自然分布	在我国分布于西北、华北、华东及东北

荻

荻为多年生草本植物，具发达被鳞片的长匐匐根状茎，节处生有粗根与幼芽。秆直立，高 1 ~ 1.5 米，直径约 5 毫米，具 10 多节，节生柔毛。叶鞘无毛。叶短，长 0.5 ~ 1 毫米，具纤毛。叶片扁平，宽线形，长 20 ~ 50 厘米，宽 5 ~ 18 毫米。除上面基部密生柔毛外，两面无毛。边缘锯齿状粗糙，基部常收缩成柄，顶端长渐尖。中脉白色，粗壮。圆锥花序舒展成伞房状，长 10 ~ 20 厘米，宽约 10 厘米；主轴无毛，具 10 ~ 20 枚较细弱的分枝，腋间生柔毛，直立而后开展；总状花序轴节间长 4 ~ 8 毫米，或具短柔毛；小穗柄顶端稍膨大，基部腋间常生有柔毛，短柄长 1 ~ 2 毫米，长柄长 3 ~ 5 毫米； 小穗线状披针形，长 5 ~ 5.5 毫米，成熟后带褐色，基盘具长为小穗 2 倍的丝状柔毛；第一颖 2 脊间具 1 脉或无脉，顶端膜质长渐尖，边缘和背部具

长柔毛；第二颖与第一颖近等长，顶端渐尖，与边缘皆为膜质，并具纤毛，有 3 脉，背部无毛或有少数长柔毛；第一外稃稍短于颖，先端尖，具纤毛；第二外稃狭窄披针形，短于颖片的 1/4，顶端尖，具小纤毛，无脉或具 1 脉，稀有 1 芒状尖头；第二内稃长约为外稃之半，具纤毛；雄蕊 3 枚，花药长约 2.5 毫米；柱头紫黑色，自小穗中部以下的两侧伸出。颖果长圆形，长 1.5 毫米。花果期 8 ～ 10 月。

荻生于山坡草地和平原岗地、河岸湿地，是一种多用途草类，也是优良防沙护坡植物。

二色补血草

▶ 二色补血草

学　　名	*Limonium bicolor*
中文别称	苍蝇架、苍蝇花、蝇子架、二色矾松、二色匙叶草、矾松
分类地位	被子植物门双子叶植物纲白花丹目白花丹科补血草属
自然分布	在我国分布于东北、黄河流域各省区和江苏北部

二色补血草为多年生草本植物，高 20 ～ 50 厘米，全株（除萼外）无毛。叶基生，偶可花序轴下部 1 ～ 3 节上有叶。花期叶常存在，匙形至长圆状匙形，长 3 ～ 15 厘米，宽 0.5 ～ 3 厘米，先端通常圆或钝，基部渐狭成平扁的柄。花序圆锥状；花序轴单生或 2 ～ 5 枚各由不同的叶丛中生出，通常有 3 ～ 4 棱角，有时具沟槽，偶可主轴圆柱状，往往自中部以上作数回分枝，末级小枝二棱形；不育枝少（花序受伤害时则下部可生多数不育枝），通常简单，位于分枝下部或单生于分叉处；穗状花序有柄至无柄，排列在花序分枝的上部至顶端，由 3 ～ 5（9）个小穗组成；小穗含 2 ～ 3（5）花（含 4 ～ 5 花时则被第一内苞包裹的 1 ～ 2 花常不开放）；外苞长约 2.5 ～ 3.5 毫米，长圆状宽卵

形（草质部呈卵形或长圆形），第一内苞长约 6～6.5 毫米；萼长 6～7 毫米，漏斗状，萼筒径约 1 毫米，全部或下半部沿脉密被长毛，萼檐初时淡紫红或粉红色，后来变白，宽为花萼全长的一半（3～3.5 毫米），开张幅径与萼的长度相等。裂片宽短而先端通常圆，偶可有一易落的软尖，间生裂片明显，脉不达于裂片顶缘（向上变为无色），沿脉被微柔毛或变无毛；花冠黄色。

花期 5 月下旬至 7 月，果期 6～8 月。主要生于平原地区，也见于山坡下部、丘陵和海滨，喜生于含盐的钙质土上或沙地。

 矿产资源

保护区内主要矿产矿估计总储量在 10 亿立方米左右。其开采历史悠久，前景广阔，目前已具有年产盐 16 万吨、溴 2 000 余吨的能力。

五 保护区管理

山东省潍坊市成立了山东昌邑国家级海洋生态特别保护区管理委员会负责保护区的管理。管委会为昌邑市政府直属副县级全额拨款事业单位，编制 9 人，内设综合科、管护科、技术科 3 个科室。2009 年 9 月 27 日，经昌邑市机构编制委员会批复，成立了中国海监昌邑海洋生态特别保护区大队，为正科级全额拨款事业单位，隶属山东昌邑国家级海洋生态特别保护区，编制 4 人，配备大队长、副大队长各 1 名。现有兼职大队长 1 名，工作人员 2 名。

保护区管委会成立后制定了《山东昌邑国家级海洋生态特别保护区管理规章制度》等规范性文件，保护区海监大队切实加大海洋执法监察力度。保护区管委会依托渤海海洋生态修复项目，2015 年，委托国家海洋局第一海洋研究所（今自然资源部第一海洋研究所）开展了保护区总体规划的编制工作。

在对保护区进行日常管护的同时，保护区管委会积极申请中央、省级海域使用金支出、渤海海洋生态修复及能力建设等项目资金支持，加大柽柳、碱蓬等植物的栽植恢复力度及保护区规范化能力建设的提升。2010～2015 年，共争取上级扶持资金 1 500 余万元，修复植被面积超过 2.67 平方千米，并安装了界碑、界桩和监控设备，建设监管中心 1 个、标本室 1 个，购置了一站两机式无人机 1 架、监测巡护工作船 1 艘、实验室仪器设备等一批管理管护设施，保护区规范化建设能力大大提升。

保护区还与自然资源部第一海洋研究所等多家科研院所合作，将保护区作为多个海洋公益性科研专项的示范区；与中国科学院寒区旱区环境与工程研究所联合建立了昌邑海洋生态与工程研究中心。中心在研项目"山东昌邑柽柳－肉苁蓉嫁接研究"通过将管花肉苁蓉接种于柽柳，检测接种后柽柳在山东滨海盐碱地的生长适应性。

招远砂质黄金海岸国家级海洋公园

ZHAOYUAN SHAZHI HUANGJIN HAIAN GUOJIAJI HAIYANG GONGYUAN

 保护区名片

地理位置	位于招远市辛庄镇西北部海滨
地理坐标	37°28'N ~ 37°32'N，120°08'E ~ 120°14'E
级别	国家级
批建时间	2014 年 3 月
面积	27.00 平方千米
保护对象	海岸带生态系统和海洋生物资源
关键词	砂质海岸、鱼虾产卵场、洄游通道

招远砂质黄金海岸国家级海洋公园

二 保护区概况

　　招远砂质黄金海岸国家级海洋公园位于山东省招远市辛庄镇境内，东西自招莱线向东延伸约11 670米至淘金河东侧海域，南北为自高潮线以下向海中延伸约3 200米左右的区域。海洋公园总面积27.00平方千米，其中重点保护区8.16平方千米，生态与资源恢复区9.70平方千米，适度利用区9.14平方千米。

　　海洋公园所在海域海底平坦，淡水注入多，水质肥沃，邻近莱州湾渔场，是多种鱼虾的主要产卵场，也是多种鱼类的索饵场及洄游通道。海洋公园以沿岸独特的砂质黄金海岸、河口湿地景观为特色，以保护海岸带生态系统和海洋生物资源为主要保护对象。

　　海岸主要为纯砂质黄金岸线，为环渤海一带典型的砂质海岸，通过海洋动力自然活动维持着系统的稳定。海岸总体坡度平缓，沿岸多低缓丘陵，是典型的对数螺旋形砂质海岸。浅海面积辽阔，沙滩细软，海水清澈、浪平水静，为天然海水浴场和避暑胜地，素有"黄金海岸"之称。海洋公园的建立，能实现自然资源保护与旅游经济开发双赢，将招远建设成为区域布局合理、生态环境优美的面向国内外的滨海休闲养生度假目的地。

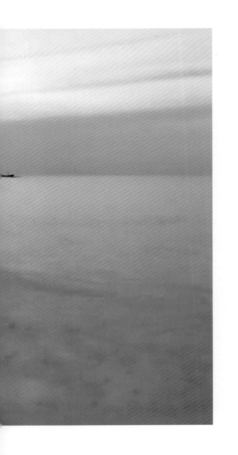

三 功能分区图

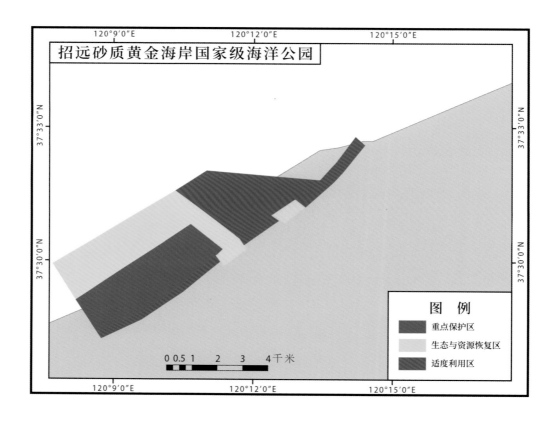

招远砂质黄金海岸国家级海洋公园

图 例

重点保护区
生态与资源恢复区
适度利用区

0 0.5 1 2 3 4千米

四 代表性资源

（一）动物资源

弧边管招潮

▶ 弧边管招潮

学　　名	*Tubuca arcuata*
中文别称	弧边招潮、网纹招潮蟹、西瓜招朝蟹
分类地位	节肢动物门软甲纲十足目沙蟹科管招潮属
自然分布	在我国分布于山东、浙江、广东、福建、香港、澳门、台湾等地沿海

　　弧边管招潮头胸甲长可达 22 毫米，宽前缘宽可达 39 毫米，后缘宽可达 14.4 毫米，甲面光滑，前部宽于腹部，背缘中部呈圆弧凸起而向后斜，大都有黑色至褐色的网纹。前缘及中央常呈淡色，两侧常带红色，颜色多变化。雄蟹的背甲花纹不固定，幼蟹为网状花纹，成体为黑色背甲带有白色斑纹。眼柄细长，淡土棕色，眼球的颜色较深。雄蟹的大螯特大甚至比身体还大，重量几乎为整体之半，左螯或右螯较大的个体比例差不多。掌部外侧密布颗粒，指部比掌部长，两指外侧各有 1 条沟槽，且两指夹紧时中间留有空隙。大螯的掌部外侧呈红色至橘黄色，掌部上半部及腕节有时带黄棕色，两指呈白色；小螯呈红色至褐色，指节匙形，指部白色。步足呈红色、褐色或灰蓝绿色，长节甚宽。雌蟹的大小和形状与雄蟹差不多，但两只螯都很小，呈红色，指节为白色。较小的幼蟹的身体呈淡蓝色，眼睛呈红褐色。

弧边管招潮栖息在较为泥泞的河口沼泽、海湾及红树林泥滩地，多位于高潮带至中潮带之间，表面湿润的软泥质滩地。其生性隐秘、胆小，一有风吹草动会快速地奔回洞穴内躲藏。以泥土中的藻类、土壤有机质、有机碎屑为食，将不可食的部分吐出。雄蟹的大螯不断挥动是在示爱、求偶、炫耀、示威或打斗。如果雄体失去大螯，则原处长出一个小螯，而原来的小螯则长成一个更大且细长的大螯，以代替失去的大螯。细螯型个体的不动指中间没有突瘤，大螯从掌节到两指末端的粗细差不多。常在潮水涨来前，用步足挖取泥土把洞口封住。会在其洞口堆置洞口堆积物，以降低因被台湾厚蟹等邻居探洞所造成的干扰。

在交配时节，成熟的弧边管招潮雄蟹会在洞口附近挥舞大螯做各种炫耀表演。当雌蟹走近时，雄蟹的大螯会愈挥愈快。如果求偶成功，雌蟹则追随雄蟹进入洞穴进行交配。在夜间，雄蟹常用大螯有节奏的轻叩地面，以招引雌蟹。

（二）矿物资源

▶ 黄金

招远黄金资源遍布全市，是国内黄金年产量最大的县级市，素有"金城天府""金都"的美誉。招远在黄金的开采、冶炼、加工、销售等过程中积淀和传承了具有鲜明特色的民族文化。招远砂质黄金海岸国家级海洋公园所在的辛庄镇的黄金储量也非常丰富，有村办金矿及选矿厂5处，年产黄金1.05吨。

金的单质（游离态形式）通称黄金，是一种广受欢迎的贵金属，在很多世纪以来

金晶体

一直都被用作货币、保值物。在自然界中，金以单质的形式出现在岩石中的金块、金粒、地下矿脉，以及冲积层中。金在室温下为固体，密度高、柔软、光亮、抗腐蚀。金的延展性非常好，是展性最好的金属，在金属中延性仅次于铂。

金是一种过渡金属，与大部分化学物都不会发生化学反应，但可以被氯、氟、王水及氰化物侵蚀。金能够被水银溶解，形成汞齐。

历史人文

（一）风土人情

▶ 生育

在当地，妇女生育俗称"欢喜了"。产后，丈夫持礼到岳母家"打喜"，岳母家以鸡蛋、芝麻盐等回赠。第三日，喜主将红皮鸡蛋、疙瘩汤分送亲邻。之后，亲邻带鸡蛋、小孩衣物等"看欢喜"。择吉日"出行"，抱着婴儿，手拿桃枝、葱、五色布，在院内走一走，然后把桃枝插入大门框上。西北乡生男孩挂旗，上写"长命百岁，志在四方，乳名××"等。第十二日（也有第六日、第八日的），喜主宴请宾客，称"吃大面"。满月后，产妇抱孩子回娘家，归时娘家以礼相赠。小孩出生满100天，称"过百岁"，宴宾客。

▶ 民居

招远砂质黄金海岸国家级海洋公园内还有高家庄子、孟格庄、大涝洼等历史文化民俗村。

高家庄子村位于渤海之滨，是中国历史文化名村、中国传统村落、山东省历史文化名村，它有着2 000余年的历史。高家庄子是目前胶东地区规模最大、保存最为完整、

高家庄子村民居

各类型历史建筑最为齐全的古村落。这里既有古民居大院，也有宗祠、庙宇、古树、城墙、护城河等公共建筑和风景名胜。村落建设和建筑细部所蕴含的历史文化内涵十分丰富。这些民居既是鲁商胶东帮商人在北京地区经商历史传统和清末捻军东征大历史的重要见证，也是传统宗族文化和宗教信仰民俗心理的形象载体，还是登莱滨海古官道上商业村落和家族村落合二为一的典范。这些古民居蕴含着丰富的传统建筑技术，既有宋金元时期胶东建筑技术的传统渊源，又见证了近代以来与北京官式建筑技术的交流。

孟格庄村为第三批山东省历史文化名村和第二批中国传统村落。该村位于山东半岛北部的渤海湾畔。走进中国传统村落孟格庄村，股浓郁的文化气息扑面而来。清咸丰（1851～1861）至同治（1862～1874）初，孟格庄青年刘金贵（1825—1885）挑担卖书、笔为业。后来，他又开设诚文堂（也作成文堂）书铺，印制图书出版，生意兴隆。光绪（1875～1908）初，诚文堂书铺已具备相当的规模，其印刷精细、书籍美观，是为胶东印书出版业的鼻祖。诚文信（也作成文信）书铺的创始人刘作信（1849—1931）原本是诚文堂书铺的伙计。光绪元年（1875）左右，刘作信从诚文堂书铺辞职后开社诚文信书铺。后来，成文信书铺也成为当时印刷业中的佼佼者。当地人根据时间先后，称诚文堂书铺为"大书铺"，诚文信书铺为"二书铺"。两家书铺为胶东一带文化事业和中国近代的出版事业做出了重要贡献。两大书铺在全国各地建立的分号众多。同治年间（1862～1874），刘金贵次子刘寿楠（生卒年不详）在胶县（今山东胶州）西门外太平街北盖了四间平房，开设成文堂书铺。胶县成文堂建立的分号有青岛成文堂书局、青岛成文堂（肇记）、青岛成和堂、济南成文堂等。诚文信建立的分号有潍县承文信书局、烟台诚文信、烟台诚文德、周村承文新、泰安承文新书局、龙口

成文堂刊《奎壁诗经》　　　　　　成文信刊《唐诗三百首补注》

诚文德、临沂承文信书店、安东（今辽宁丹东）诚文信、天津诚文信德记、北京显字成文厚等。孟格庄也因此被誉为中国近代"江北出版业摇篮"。"鸵鸟"牌墨水的创始人郭尧庭（1911—？）就在安东诚文信做过学徒。

　　如今的孟格庄村基本保持原有风貌的村居有 70 栋，其中最重要的是"大书铺"和"二书铺"的住宅。"大书铺"的住宅主要集中在村落的东北，"二书铺"的住宅主要集中在村落的东南。这两片故居，由三条南北长街和六条东西短街相交连接，均为仿北京四合院式的住宅，共计 120 余间。其中，最为豪华的是刘作信第三子、安东诚文信书局创办人刘重先（约 1880—约 1940）在洋灰胡同的故居。

　　刘重先故居是一个典型的近现代中西合璧的宅院。宅院原为四合院格局，大门位于东厢南间。西厢基本保留原结构，中间是猪圈，南侧为厕所。南边五间厢房已拆，剩下的照壁、东厢、门廊则保留完整。站在这座宅院门前，可以看到门楼带有明显的欧式风格。门楼所在的东厢房以花岗岩石做顶拱。顶拱最高端是花岗岩浮雕"囍"字，上衬青砖雕刻造型，下饰华贵的彩釉瓷砖。大门两侧用两根与门同高的花岗岩方形石柱做装饰，石柱上皆雕着西洋风格线条，别具一格。街门两侧不是常见的石狮造型，而是各有一个仿西洋风格的石墩，门右边还有一个长条石几。门廊的顶部刷白灰，镂空套色模印中西结合图案，四周墙角也以此方式做二方连续装饰。门廊前方的照壁，用民族传统风格的青砖青瓦起脊。冲着正屋部分，也被处理成一座高度稍矮一些的照壁。

两座照壁不用"福"字等民俗图案，而饰以彩绘和粉彩瓷花砖。刘重先故居在村中众多完整的院落中保存得并不完整，但也足以成为胶东民居的优秀代表。

大涝洼村是第三批山东省历史文化名村和第二批中国传统村落。该村位于山东半岛北部的渤海湾畔。大涝洼村是著名美术、考古学家、收藏家、鉴定家李汝宽（1902—2011）的故乡。

整个村子地势东高西低，一条小河由东而下，围绕村子东部由村南向西入诸流河。村子整体布局是明清期遗留。村中三条宽畅整齐的大街，构筑起村子的整体框架，十条长短不一的胡同相互交错，组成村子的交通网。街道两旁排列着许多青瓦青砖的老房子。在这里能够看到清乾隆（1736～1795）至民国（1912～1949）时期的老建筑。

在大涝洼村，清代建筑有30栋左右。其中，建于乾隆年间（1736～1795）的建筑现有8栋。这些建筑虽然历经风雨侵蚀，仍保存至今。它们原来的主人不是名门望族就是富商巨贾。这些具有悠久历史的古民居，在山东稀少。民国时期（1912～1949）的民居现存22座。

大涝洼村民居

六 保护区管理

（一）建设和管理

目前，保护区暂由招远市自然资源和规划局代管。2014年10月，制定了《招远砂质黄金海岸国家级海洋公园管理制度》，使招远砂质黄金海岸国家海洋公园自然生态系统有法可依、有章可循。

（二）工作开展

招远砂质黄金海岸国家级海洋公园建立以来，获得山东省渤海海洋生态修复及能

力建设专项资金 435.3 万元,重点开展了基础管护设施、监测监管设施、宣传教育设施、管理业务保障能力建设等 4 个方面的工作。通过这些基础能力的建设,进一步加强了招远砂质黄金海岸国家级海洋公园的规范化建设,促进了招远砂质黄金海岸国家级海洋公园的生态监控能力与管理水平。

招远砂质黄金海岸国家级海洋公园联合公安边防、辛庄镇等单位,整合执法资源,实施了海岸带护沙工程、防护林护林工程、保护区护渔工程等联合执法 32 次;组织精干力量严厉打击海岸带采沙和非法施工行为;处理海洋公园内非法捕捞渔船 6 艘。

招远市下大力气整治岸线侵蚀,目前有在建岸线修复工程 2 处,以离岸堤工程、沙滩护岸工程和海滩养护工程相结合,共计修复岸线 3 867 米,缓解海岸侵蚀和海滩退化,修复并恢复受损的砂质海岸环境。

每年在招远砂质黄金海岸国家级海洋公园内开展增殖放流活动。2014 年,组织增殖放流 4 批次,完成放流任务 3 100 万单位;2015 年,放流鱼类苗种 271 万尾、海蜇 4 200 万只、三疣梭子蟹苗种 1 980 万只;2016 年,放流海蜇 3 457 万只、三疣梭子蟹苗种 1 198.7 万只。通过苗种人工放流,恢复海区内原有物种如半滑舌鳎、海蜇、三疣梭子蟹、魁蚶和梭鱼等的种群数量,使莱州湾的生态容量得到充分利用,恢复了当地物种多样性,实现了海洋生态修复。

龙口黄水河口海洋生态国家级海洋特别保护区

LONGKOU HUANGSHUIHEKOU HAIYANG SHENGTAI GUOJIAJI

HAIYANG TEBIE BAOHUQU

 保护区名片

地理位置	位于黄水河口入海口 0 ~ 11 米之间的海域,具体为东起于黄水河入海口以东 455 米处,西至度假区西边界
地理坐标	37°44'51.9601"N ~ 37°47'20.2342"N,120°29'18.2400"E ~ 120°33'33.7823"E
级别	国家级
批建时间	2009 年 2 月
面积	17.81 平方千米
保护对象	植物类:主要是浮游植物,以硅藻门为主,优势种主要有布氏双尾藻、密连角毛藻、伏氏海毛藻、星脐圆筛藻等 底栖生物类:蛏蜓、微黄镰玉螺、青蛤、绣凹螺、方格星虫、单环刺螠、中国蛤蜊等 鱼类:青鳞小沙丁鱼、鳀鱼、蓝点马鲛、黄鲫、小黄鱼等
关键词	底栖生物栖息地、洄游通道、优质石英砂
资源数据	拥有近 4×10^8 立方米的优质石英砂资源,是缢蛏、玉螺、文蛤、光裸星虫、单环刺螠、毛蚶等重要底栖生物的栖息地

 保护区概况

　　龙口黄水河口海洋生态国家级海洋特别保护区为重要的海洋经济生物资源及其栖息、繁衍地和洄游通道。主要保护工作如下。一是海洋经济生物资源保护与恢复。海洋底栖生物同人类的关系十分密切,许多底栖生物可供食用,是渔业采捕或养殖的对象,具有重要的经济价值。通过实施分区管理,

龙口黄水河口海洋生态国家级海洋特别保护区

设立重点保护区，禁止一切开发利用活动，主要保护与恢复重要的海洋经济生物资源，维护特别保护区内生物多样性以及河口海洋生态系统的完整性，从而改善生态环境，保障主要的海洋经济生物资源缢蛏、微黄镰玉螺、文蛤、方格星虫、单环刺螠的种类和数量；通过实施规划项目遏制当地贝类资源逐渐匮乏的情况，增加海洋生物多样性。二是海洋生物栖息、繁衍地和洄游通道养护与修复。龙口黄水河口海洋生态国家级海洋特别保护区蕴藏着丰富的沙质资源，是重要海洋性经济生物资源栖息、繁衍地，是中国对虾的主要产卵场，是黄渤海多种洄游性生物资源的重要洄游通道。通过资源的合理利用规划，处理好龙口黄水河口海洋生态国家级海洋特别保护区的保护与开发的关系，在保护好栖息、繁衍和洄游通道及产卵场的同时，适度地进行开发活动；在开发的同时，注重生态环境的保护，实现资源环境的可持续利用。

 功能分区图

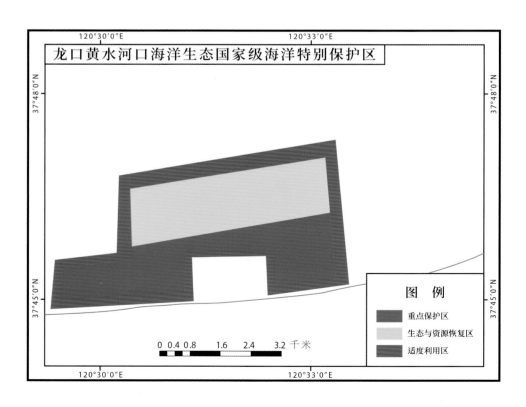

四 代表性资源

（一）动物资源

▶ 微黄镰玉螺

学　名	*Lunatia gilva*
中文别称	福氏乳玉螺、肚脐螺、鼻丘玻螺、肚鼻玻螺
分类地位	软体动物门腹足纲中腹足目玉螺科镰玉螺属
自然分布	在我国沿海广泛分布

微黄镰玉螺

　　微黄镰玉螺壳近卵状，薄而坚实。壳表面光滑无肋，呈黄褐色或灰黄色。缝合线明显。螺旋部高起，圆锥状，多呈青灰色。体螺层膨大。生长线细密，有时在体螺层上形成纵走的褶皱。壳口卵圆形，内面为灰紫色。外唇薄，易破。内唇上部滑层厚，靠脐部形成结节。脐孔深。厣角质。栖息于软泥、沙或泥沙质海底，大部分栖息于潮间带。

青鳞小沙丁鱼

▶ 青鳞小沙丁鱼

学　名	*Sardinella zunasi*
中文别称	青鳞鱼、青鳞、土鱼、锤氏小沙丁鱼、寿南小沙丁鱼、柳叶鱼、青皮、 柳叶鲱、青鳞沙丁、寿南青鳞鱼、青澜
分类地位	脊索动物门辐鳍鱼纲鲱形目鲱科小沙丁鱼属
自然分布	在我国沿海广泛分布

青鳞小沙丁鱼体延长，侧扁。腹部隆起。最大体长 15 厘米。体长为体高的 3.07 ～ 3.38 倍，为头长 3.96 ～ 4.17 倍。腹部棱鳞锐利，背鳍前中线上鳞呈双列排列。头中等大，侧扁。吻中等长，短于眼直径。眼中等大，侧上位，除瞳孔外均被脂眼睑覆盖。鼻孔小，每侧 2 个，位眼的前上方。口小，前上位。下颌略长于上颌。前颌骨小，上颌骨宽为长方形。辅上颌骨 2 块，第一块细长，第二块前端细而尖，后端宽阔。上下颌、腭骨、翼骨和舌上均具细齿。鳃孔大。鳃盖膜分离，不与峡部相连。鳃耙较密。细长。假鳃发达。肛门在臀鳍始点前。体背部青褐色，体侧及腹部银白色。鳃盖后上角具一黑斑。口周围黑色。各鳍灰白色。为温水性小型鱼类。集群栖息于近海湾水域。以浮游生物为食，主食硅藻和小型甲壳类。产卵期 4 ～ 6 月，分批产出浮性卵。为黄海、渤海定置网、刺网的季节性捕捞对象或兼捕鱼种。

蓝点马鲛

▶ 蓝点马鲛

学　　名	*Scomberomorus niphonius*
中文别称	蓝点鲛、日本马加鲦、鲅鱼、条燕、板鲛、竹鲛、尖头马加
分类地位	脊索动物门辐鳍鱼纲鲈形目鲭科马鲛属
自然分布	在我国分布于黄海、渤海、东海、台湾海域

蓝点马鲛体延长，侧扁，尾柄细，每侧有 3 条隆起脊，中央脊长而高。眼较大、侧位。口端位，两颌等长。齿强大、侧扁、尖锐、舌上无齿。鳃盖膜分离，不与峡部相连。鳃盖条 7 枚。鳃耙较长。体被小圆鳞，侧线完全、高位，始于鳃盖条上角，呈不规则波纹状，最后伸至尾部。背鳍 2 个，臀鳍与第二背鳍相似，起点与第二背鳍第四鳍条下方。尾鳍叉形。第二背鳍及臀鳍后有小鳍 9 个。体背部灰蓝色，体侧灰黑色

或白色，腹部银白色。沿体侧中央有数纵行近圆形小黑斑。第一背鳍蓝黑色或青蓝色；第二背鳍灰黄色，边缘黑色；小鳍奶黄色；臀鳍乳白色，前部边缘黑色；胸鳍灰黑色；腹鳍乳白色；尾鳍灰黑色。

蓝点马鲛属暖性上层鱼类，以中上层小鱼为食，夏秋季结群向近海洄游，一部分进入渤海产卵，秋汛常成群索饵于沿岸岛屿及岩礁附近，为北方海区经济鱼之一。每年的 4 ~ 6 月为春汛，7 ~ 10 月份为秋汛。盛渔期在 5 ~ 6 月。捕捞方法为流网、机轮中层拖网、钩钓等。蓝点马鲛居海水上层，游速快、喜活食，其肉质细腻、味道鲜美、营养丰富，每 100 克鱼肉含蛋白质 19 克、脂肪 2.5 克。除鲜食外，还可加工制作罐头或咸干品。民间有"山上鹧鸪獐，海里马鲛鲳"的赞誉。

（二）代表性植物

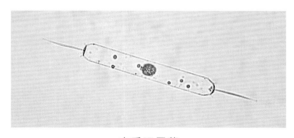

布氏双尾藻

▶ **布氏双尾藻**

学　　名	*Ditylum brightwellii*
分类地位	硅藻门中心硅藻纲盒形藻目盒形藻科双尾藻属
自然分布	在我国沿海广泛分布

布氏双尾藻为单细胞藻类，形状为三角柱形。细胞宽 25 ~ 60 微米，高 98 ~ 190 微米。壳面扁平，大多为三角形，中央有中空的大刺。细胞壁薄，色素体多数，呈颗粒状；同时，藻细胞独立生活不会连接成串。细胞中绿色的小点是它的叶绿体。布氏双尾藻适温范围广，属世界性种类。

▶ **密连角毛藻**

学　名	*Chaetoceros densus*
中文别称	密联角毛藻
分类地位	硅藻门中心硅藻纲盒形藻目角
	毛藻科角毛藻属
自然分布	在我国沿海广泛分布

密连角毛藻

　　密连角毛藻细胞链直且长（偶尔有单细胞生活者），宽 18 ～ 69.5 微米。细胞宽环面观矩形形。壳面椭圆以至圆形。壳套小于或等于细胞高度的 1/3，与环带相接处有小凹沟。细胞间隙呈甚小的梭形，其中央部分仅高 3 ～ 5 微米。角毛长而较粗，直径 3 微米左右，断面四角星形，在着生基部少许距离外即生 4 行小刺，角毛自细胞角内生出后即与邻细胞角毛相会弯向链之下端。链两端细胞上壳面的形状与其上所生角毛的伸出方向，在各链上并不完全相同。色素体小面多，分布于角毛和细胞内。

（三）旅游资源

▶ **黄水河湿地公园**

黄水河湿地公园

黄水河湿地公园位于龙口滨海旅游度假区中部，距龙口市区7千米，由深圳中外园林设计院进行规划设计。规划总面积172.63公顷，其中河流两岸面积约114.27公顷，黄水河水面面积约58.36公顷。公园依河而建，夹河而立，园内河流、湿地、森林、沙滩等自然景观丰富，依托国家级海洋特别保护区和省级湿地自然保护区，建设集自然保护、生态观光、休闲养生、教育认知等多功能为一体的开放式湿地公园。

五 历史人文

（一）历史遗址

 黄河营古港遗址

黄河营古港始建于西周时期，位于黄城城北16千米的诸由观镇黄河营村东北的黄水河入海口处。黄河营古港为天然良港，东西沙堤高立，北拒风浪，是海防要塞的对外交通口岸。

秦代方士徐福据说是黄县（今山东龙口）人，今龙口市的徐福镇建有徐公祠。2 000多年前，徐福东渡为中日两国历史文化交流留下了千古佳话。有专家认为，徐福东渡的始发港就是黄河营古港；也有专家认为，虽然徐福东渡的始发港不是黄河营古港，但徐福船队遇到风浪后在黄河营古港整修也是有可能的。《汉书·主父偃传》载，秦始皇征匈奴，"使天下飞刍挽粟，起于黄、腄、琅邪负海之郡，转输北河，率三十钟而致一石"。其中的"黄"指的是黄县，当时黄县的出海口就是在黄河营古港。汉武帝元封二年（前109)，楼船将军杨仆曾率水军由黄河营古港渡海伐朝鲜。

魏明帝魏景初二年（238），司马懿第三次伐割据在辽东的公孙渊时，在港口附近建造的大人城，并由此中转运送军粮。

隋炀帝伐高句丽时曾在黄河营古港运送水军。在唐代，黄河营古港是唐与朝鲜半岛交通的重要港口之一。《元和郡县图志》载："大人故城，在县（黄县）北二十里……今新罗、百济常由此往返。"在唐代，为加强海防，在大人城旧址上建造黄河寨城，并驻军守备。

明弘治二年（1489），黄县知县范隆重修筑城池，以防敌军登陆。崇祯十年（1637），黄县知县任中麟把土城改筑为石城。石城周长为460米，高5米，厚4米，修筑防敌台12座。护城壕宽约3米，深约1米。石城上建有海渎祠，南城门额上书有"黄河镇"。在城西北、西南还修建了射圃和烽火台。烽火台位于西羔村东的高台地上，呈长方台形，为黄土夹青石夯筑而成，现仅存一段石城的残垣。清乾隆年间（1736～1795），黄河营港商船往来日频。同治、光绪年间（1862～1908），官府设海关分卡，管理船舶和税收。民国初年，港口渐淤塞，商船往来时断时续。解放战争时期，中国人民解

黄河营古港遗址

放军由此乘船挺进东北。中华人民共和国成立后，由于龙口港渐兴，黄河营港成为渔船停泊的码头。

1991 年 5 月，龙口市人民政府在明清黄河镇城处立"黄河营古港遗址"碑为记。1992 年，黄河营古港遗址列为龙口市级文物保护单位。

目前，龙口黄水河口海洋生态国家级海洋特别保护区和龙口滨海旅游度假区依托龙口本地徐福文化和黄水河古港遗址等古迹，打造以徐福文化、秦汉文化、东渡历史、古港辉煌、徐福故里为主题，集观光旅游、体验娱乐、休闲养生为一体的徐福文化园。其中的徐福纪念馆、黄河营古港纪念馆都十分值得期待。

（二）风土人情

 新媳妇习俗三则

"要想走，三六九。"农历的三、六、九日是女子婚后走娘家、回婆家的日子。据老年人介绍，这三天是"黄道吉日"，宜于出行。每逢三、六，九日，婆家或娘家便有人倚门翘望亲人归来。

"三月三，送春燕。"农历三月初三日到来之前，娘家便准备几百只用精粉捏做的小燕子，这些小燕子被称为"春燕"。新媳妇便把蒸好的"春燕"装进食盒带回婆家，分送亲友，借以夸耀娘家制作工艺的精巧。

"四月八，加吉俩。"农历四月初八这天，新媳妇要给婆家送加吉鱼两条，以表示对公婆的孝心。如果实在买不到，只好用别的大鱼代替，婆家对此也绝无怨言。

六　保护区管理

自保护区成立以来，龙口滨海旅游度假区管委每年都组织度假区机关干部、学校、

村级和部分企业，对保护区范围内的海洋和陆地环境进行综合整治，包括整理海滩地形，清除海滩杂物；高标准规划建设了 800 米海滨景观工程；在黄水河两岸和入海口规划建设了湿地公园和徐福文化园项目，特别是在黄水河入海口位置，设立了湿地保护区，建设了观鸟屋、观鸟廊道等一系列环保设施，并建设了保护区界碑、界牌、浮标及看护房等管护设施，使这一区域的自然环境得到持续均衡发展。

另外保护区出台了《龙口黄水河口海洋生态国家级海洋特别保护区管理办法》。在山东省海洋与渔业厅（今山东省海洋局）、龙口市人民政府的统一领导下，成立生态资源保护协会。重点保护区域实行封闭式管理，综合执法，建立起与保护区管理要求相适应的管理体制。同时，联合新闻单位和有关部门积极开展了一系列科普宣教活动，提高提高公众参与的程度和保护、爱护自然环境的意识。

长岛国家级海洋公园

CHANGDAO GUOJIAJI HAIYANG GONGYUAN

 保护区名片

地理位置	位于渤海海峡、黄渤海交汇处山东省烟台市蓬莱区北长山乡，北与辽宁老铁山对峙，南与蓬莱高角相望
地理坐标	37°57'N ~ 38°00'N，120°40'E ~ 120°44'E
级别	国家级
批建时间	2012 年 12 月
面积	11.26 平方千米
保护对象	原始的自然岸线、独特地质地貌、珍稀海洋生物、自然球石海滩
关键词	渤海咽喉、京津门户、候鸟迁徙重要通道
资源数据	保护区内有国家级重点保护野生动物 49 种，有陆地植物 139 科 591 种、浅海海洋植物 3 门 79 种

 保护区概况

　　长岛国家海洋公园位于北长山岛，总面积 11.26 平方千米，分为 3 个功能区，即重点保护区、生态与资源恢复区和适度利用区。重点保护区内重点保护原始的自然岸线、独特地质地貌、珍稀海洋生物，如九丈崖海蚀地貌、月牙湾球石海滩和西太平洋斑海豹栖息地等。生态与资源恢复区实施海岸带生态与海洋生态保护，以保护和恢复自然岸线为主，在保护海洋经济生物资源栖息、繁衍地等生态系统的基础上，开展生态恢复活动。适度利用区主要是开展旅游设施配套建设以及海洋生物增养

殖与观赏，分为海域和陆域两部分。陆域部分主要用于涉海旅游设施配套建设、发展游艇俱乐部、垂钓、海上休闲游等；海域部分是渔业增养殖区和海上风光观赏，开展人工繁育海洋生物物种，发展休闲渔业等。

长岛国家级海洋公园是典型的特殊海洋生态景观分布区，分布有山、海、崖、滩、礁、洞、湾、岛等丰富的自然景观，存在海滨（湿地）生态系统、岛屿生态系统、滨海植被生态系统等。海洋公园内有开阔的海面、幽静的海湾、高险的崖壁、五彩的卵石等水域多种多样形式的风光类旅游资源。

长岛国家级海洋公园

三 功能分区图

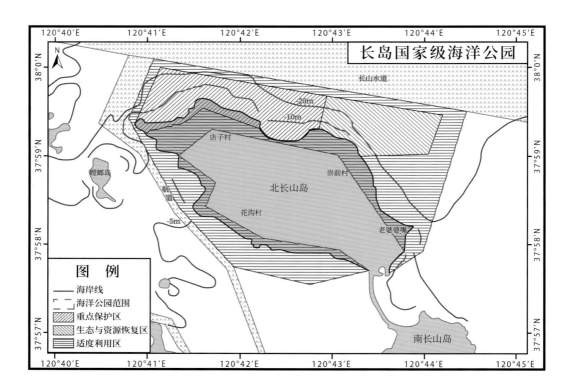

四 代表性资源

（一）动物资源

▶ 西太平洋斑海豹

学　　名	*Phoca largha*
中文别称	斑海豹、大齿斑海豹、大齿海豹
分类地位	脊索动物门哺乳纲食肉目海豹科斑海豹属
自然分布	在我国主要分布于渤海和黄海，偶见于南海

西太平洋斑海豹

西太平洋斑海豹头部较小，平滑而圆，吻部短而宽，眼睛圆大，唇部有长而硬的触须，触感灵敏。四肢短小，皆具五指，指间有粘连的皮膜，呈蹼状。后肢为扇形。尾巴短小，7～10厘米，夹于后肢之间。身体不能弯曲，善于游泳，游泳姿势似人俯卧。

西太平洋斑海豹的大部分时间在海里度过，只有在休息、换毛、哺乳、生殖的时候才会爬上冰块或岸边。西太平洋斑海豹在岸上的活动范围有限，体态比较笨拙，所以在岸上群栖时警惕性很高，睡觉时也会经常醒来查看周围情况。常以海域中的鱼类、甲壳类、头足类为食。

西太平洋斑海豹每年的1～3月繁殖，交配需要沉入深水中进行。孕期8～10个月，繁殖期多成对，多为一仔。产仔在浮冰上。当冰融化之后，幼仔才开始独立在水中生活。幼仔初生时体重为5～6千克，全身披着白色的胎毛。这种白色的胎毛是冰雪的环境中的保护色，使它们不易被天敌发现。经过1个月左右的哺乳期，幼仔的体重增至20

千克以后，就开始独立生活了。西太平洋斑海豹性成熟的年龄为 3～5 岁，也有 2 岁就达到性成熟的，性成熟后生长趋于缓慢，雄性 15 岁，雌性 10 岁后就不再增长。

（二）矿物资源

▶ 球石

月牙湾的神奇之处在于滩上、水中无泥无沙，无岩石，全是一湾圆润晶亮的卵石。这里水色清亮，沿海边走，见海卵石，五光十色，动荡摇晃，有千百种变幻的色彩。球石是由于地壳运动地表隆起后造成附近山峦的岩石脱落，石块置身于弧形的海滩，经

球石

过海浪无休止的冲刷磨砺而逐渐变圆形成球石。因石球中夹杂了铁、锰、锌等元素的杂质，因而呈现出各种颜色。

五彩斑斓的球石一直以来深受游客的青睐。宋代文学家苏轼对长岛的球石爱不释手，并写下了《北海十二石记》："又多美石，五彩斑斓或作金色……近世好事能致石者多矣，未有取北海而置南海者也。"南宋杜绾（生卒年不详）在其赏石专著《云林石谱》中也对球石做过精彩描述："登州下临大海……又多美石，紫翠巉岩，极多秀美，五色斑斓。"清人沈心（生卒年不详）所著《怪石录》对长岛球石也有专门的记载和论述。

苏轼画像

1979 年，全国人大常委会委员长叶剑英（1897—1986）视察长岛写下了"昂价石球生异彩"的诗句后，当地赏石届便借用诗句将产地加特征将其命名为长岛球石。进入 20 世纪 80 年代，随着全国赏石、藏石之风兴起，长岛球石以其的深厚文化底蕴和独特的艺术魅力受到人们的广泛关注。

（三）旅游资源

海洋公园内旅游资源丰富，著名的有九丈崖、月牙湾景区和斑海豹保护区等。

▶ 九丈崖

九丈崖位于海洋公园的西北角，现已开发为公园，总占地面积 3 000 平方米。山崖险峻，水深流急，岩礁棋布，自然景观独特。崖壁绵延 400 余米。其海蚀崖壁高峻险要，是众多水鸟栖息的乐园。九叠石塔由九层节理明显的石英岩堆成，久经海浪磨蚀雕琢，塔崖石纹清晰，层次分明，形态别致，与九丈崖组成一对"母子崖"。九丈崖景区集山、海、礁、崖、洞及古迹于一体，具有很高旅游价值和美学价值。

九丈崖

▶ 月牙湾

月牙湾有自然形成长约 2 000 米的月牙形长滩，宽逾 50 多米的彩色石带。长滩上鹅卵石多呈圆形或椭圆形，且色彩斑斓。

月牙湾一角

▶ 庙岛群岛斑海豹省级自然保护区

每年 3～6 月，成群结队的西太平洋斑海豹出现在长岛著名的北长山岛附近海域。2001 年 6 月，山东省政府批复成立庙岛群岛海豹省级自然保护区，后更名为庙岛群岛斑海豹省级自然保护区。为方便观光客观赏斑海豹，在九丈崖景区西侧设置了多处"观豹台"，供游客观赏。每年 4 月份以后，观光客还可到月牙湾景区海豹苑亲自喂食西太平洋斑海豹，观看西太平洋斑海豹表演。

庙岛群岛斑海豹省级自然保护区

五 历史人文

（一）历史故事

▶ 月牙湾名字的由来

月牙湾，又称半月湾，坐落在北长山岛的最北端，左右两山中间是一条北低南高的平川，自然形成长约 2 000 米的长滩，因湾形似月牙而得名。它背依青山绿野，环抱碧海清波。一袭银白球石的遥遥长滩，镶嵌在青山碧水之间，犹如深邃夜空中的一弯新月。春夏时节，湾内波平浪缓，水似明镜，山石树木映入海中，与蓝天白云倒影相映，宛如神仙府第；秋冬之际，波涌浪翻，玉飞珠溅，如积千层白雪。滩头五彩球石，珠圆玉润，令人爱不释手。月牙湾的名字也与两位元帅有着一段情缘。1955 年，国防部长彭德怀（1898—1974）视察长岛要塞，于高炮阵地侧畔结识了这片神奇的所

月牙湾

在。戎马一生的彭帅也禁不住感慨："好一处半月湾啊！"1979年，全国人大常委会委员长叶剑英也来到长岛，看到十里长滩处妇女们捡球石的情景，欣然挥毫题词："内长山岛月牙湾，勤事渔农并石田。昂价石球生异彩，妇孺岂惜指头艰。"于是这里就有了半月湾和月牙湾的名字。著名书法家启功（1912—2005）也把月牙湾描写得出神入化："一弯新月印滩涂，水碧山青举世无。仙境不需求物外，行人步步踏明珠。"

（二）民间传说

▶ 八仙石洞的传说

八仙石洞是位于珍珠门水道东侧，航标灯塔左下方的海边岩洞。它深30余米，最宽处5米，高10余米。前部是水洞，后部是旱洞。传说当年八仙曾在此洞居住过。也有说八仙中7位男性在此洞居住，何仙姑则住在右边挂有巨大石斧的仙姑洞，故又名"七仙洞"。整个岩洞是随着一条含有板岩的破碎带向山体内部延伸的，每有大风袭来，掀起的巨浪像一条白色长龙，以雷霆万钧之势，冲击着破碎的石壁，发出震耳欲聋的响声。由于海浪的一次次侵袭，岩洞也一点点向里延伸，才形成了壮观的洞穴，奇特的景观。在八仙洞的洞口有一个石桌形状的礁石被海浪冲刷的光滑洁净，传说这是当年八仙门开会用的案桌。

▶ 玉石街的传说

长岛虽然由大小 32 座岛屿组成，但只有南、北长山岛可以通车，其他的岛屿都需要坐船。连接南、北长山岛的是条拦海大坝，这条拦海大坝原名玉石街。《蓬莱县地理志》记载："南、北长山相距五里，中通一路，二十余丈，皆珠矶石，名玉石街。"人们也叫它"一宿街"。在当地流传着这样一个故事。相传，唐太宗李世民东征高句丽时，他和他的爱将尉迟恭分别驻扎在南、北长山岛。翌日，唐太宗得到急奏，说尉迟恭身染重病。唐太宗非常着急，就想渡船前去探望。无奈海上狂风大浪，船渡不过去，唐太宗对天长叹曰："恨苍天之寡情，探爱将兮无路，舟兮舟兮何以渡？"他忧虑入眠，竟得一梦，他梦见一条白龙一声长啸，腾出水面，顷刻之间化作一条洁白如玉的大街横卧两个岛之间。天亮时，唐太宗来此观看，果然灵验。由于玉石街是一夜形成，所以又叫"一宿街"。

玉石街（左侧长堤）

（三）风土人情

▶ 上网仪式

　　世代打鱼的长岛人养成了粗犷、豪放、质朴的性情，也形成了海岛渔家特有的习俗。上网、出海、祭神、收获、婚嫁、求助等都有一套古已有之的严格程序。比如，长岛清明节前后打围网出海前的上网仪式，就很有特色。上网仪式很隆重，代表着渔民对丰收的祈祷。随着船老大一声高呼，锣鼓、鞭炮齐鸣。只见前面一人点燃事前准备的谷秸火把，围着渔网紧跑。后面一人端着盛满荞麦面的大葫芦瓢，一边撒着面粉，一边紧追着火把，跳上颤巍巍的桥板，在渔船的甲板上，把葫芦瓢里的荞麦面扣在了持火把人的头上。于是众人欢呼，高喊："打满喽！"大家一同抬起沉甸甸的渔网，伴着高亢的上网号子，吹响了他们新的闯海螺号。

▶ 长岛渔号

长岛渔号表演场景

劳动号子，简称号子，是一种伴随着劳动而歌唱的民歌。海洋号子是劳动号子的一种，主要内容为海洋劳作，演唱者多为渔民和水手。长岛渔号是我国北方最负盛名的海洋号子之一。它发源于砣矶岛，至今有300多年历史。

长岛渔号有鼓舞情绪、指挥生产的作用。在风帆时代，长岛渔号作为海上生产的一种"渔令"，流行于渤海南部和黄海北部沿岸。在民国时期，甚至传播到朝鲜半岛。长岛渔号可分为上网号、竖桅号、摇橹号、掌篷号、发财号（廷鲅号）等8个主要类型。此外，还有拾锚号、拉船号等。2008年，"海洋号子（长岛渔号）"被列入第二批国家级非物质文化遗产项目。

▶ 长岛方言

长岛方言具有浓郁的海洋气息和海岛特色，且存在着南北差距。长岛南五岛居民与山东蓬莱人、龙口人的口音接近，北五岛方言与辽宁长海的方言相似。在长岛的方言中，形容词不但丰富、具体、贴切，而且具有较强的表现力。比如，酸、甜、苦、辣、咸、鲜分别叫作"焦酸""西甜""烈苦""死辣""生咸""溜鲜"；胖、瘦、粗、细、大、小分别叫作"大胖""精瘦""老粗""节细""老大""不点儿"。动词、名词更显生动、形象。比如，肥皂叫"夷子"，薄弱叫"虾楞"，来不及叫"不赶趟"，口干渴了叫"口卡了"，不干净叫"赖呆"。俗话说"十里不同音"，北岛砣矶方言很典型，具有一定的代表性。如，"谁"，砣矶岛人则说"杓"；"搁那吧"，砣矶岛人则说"门那吧"。

长岛方言直接反映了当地的风俗习惯，日常生活中，语言禁忌十分明显。如果玻璃器具被打碎了叫"笑了"，饺子被煮破了叫"挣了"，升帆叫"掌篷"，抛锚叫"给猫"，充分反映了海岛人图吉利、忌邪恶、向往太平与富有的意愿。

六 保护区管理

长岛国家级海洋公园的管理情况如下。

一是明确了长岛国家级海洋公园管理机构。长岛国家级海洋公园管理机构为长岛海洋生态文明综合试验区自然资源局（原属长岛县海洋与渔业局），管理人员编制 15 人。管理执法单位为长岛海洋生态文明综合试验区海洋与渔业监督监察大队（原长岛县海洋与渔业监督大队）。

二是制定了《长岛国家级海洋公园管理规章制度》，对管理人员业务培训、工作纪律、档案和财务管理、保密制度及安全生产做出了较为详细的规定。

三是制定了《长岛国家级海洋公园管理方案》。

四是编报了长岛国家级海洋公园建设工程项目，目的是对海洋公园进行规范性建设。

五是积极实施长岛国家海洋公园规范化能力建设项目。项目总投资 463.2 万元，建设内容包括基础管护设施、监测监管设施、宣传教育及管理设施配备。目前，项目已经完成。

六是开展了长岛国家级海洋公园定期监测工作。从 2014 年开始，开展了每年两次的海洋公园海洋环境监测工作。

七是加强长岛国家级海洋公园的执法检查。自 2012 年下半年以来，长岛县海洋与渔业监督监察大队每年在保护区周围共进行 4 次执法检查，未发现违禁资源开发活动。

八是编制了《长岛国家级海洋公园总体规划》。

蓬莱登州浅滩国家级海洋生态特别保护区

PENGLAI DENGZHOU QIANTAN GUOJIAJI HAIYANGSHENGTAI TEBIE BAOHUQU

一 保护区名片

地理位置	位于胶东半岛北部烟台市蓬莱区近岸海域
地理坐标	37°50'15.87"N ~ 37°52'29.66"N，120°35'33.56"E ~ 120°39'57.44"E
级别	国家级
批建时间	2012 年 12 月
面积	18.72 平方千米
保护对象	重要海洋经济生物（褐牙鲆、黄盖鲽、栉江珧等）栖息、繁衍地及砂矿资源
关键词	黄渤海交汇处、天然屏障、砂矿资源
资源数据	浅滩由 4 个水下沙洲所组成，长约 6.6 千米，平均宽度 0.6 千米

蓬莱登州浅滩国家级海洋生态特别保护区

二 保护区概况

登州浅滩地处渤海海峡，位于烟台市蓬莱区西庄至栾家口海岸以北的海域。登州浅滩最浅处水深只有 1.1 米。浅滩东端离岸最近为 1.5 千米；西端离岸较远，平均离岸距离为 2.5 千米。登州浅滩是一条海洋动力长期作用形成的天然水下沙洲，基本处于动态平衡状态。登州浅滩是黄海、渤海两个水系交汇处，其独特的地理位置和丰富的砂矿资源，成为防止蓬莱海岸侵蚀破坏的一道天然屏障；同时，这里营养盐、饵料生物丰富，是一些重要经济生物（褐牙鲆、黄盖鲽、栉江珧等）栖息繁衍的良好场所，又是洄游性鱼类和大型无脊椎动物生殖、索饵洄游的必经之路。根据《海洋特别保护区管理暂行办法》等有关规定，重要海洋经济生物资源和海洋矿产（砂矿资源）分布区等特殊区域，需要采取有效保护措施和科学利用方式予以特殊管理。因此，登州浅滩及附近海域需要建立海洋生态特别保护区，主要保护对象是重要海洋经济生物（褐牙鲆、黄盖鲽、栉江珧等）栖息、繁衍地及砂矿资源。

蓬莱登州浅滩国家级海洋生态特别保护区位于登州浅滩水深在 3 ~ 10 米之间的海域，总面积 18.72 平方千米。其中，重点保护区 6.60 平方千米，生态与资源恢复区 5.78 平方千米，适度利用区 6.34 平方千米。

三 功能分区图

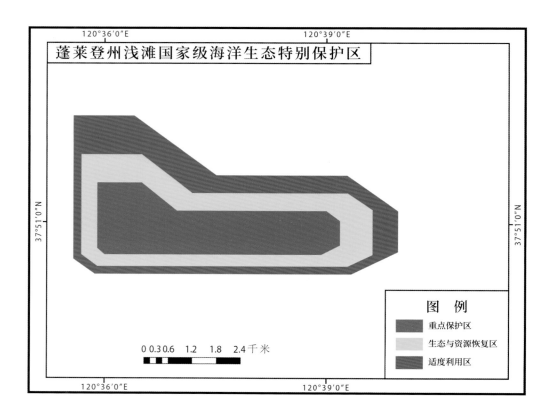

四 代表性资源

（一）动物资源

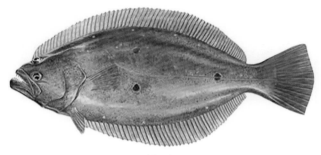

褐牙鲆

▶ **褐牙鲆**

学　　名	*Paralichthys olivaceus*
中文别称	比目鱼、牙片、偏口、牙鳎
分类地位	脊索动物门辐鳍鱼纲鲽形目牙鲆科牙鲆属
自然分布	在我国，除台湾沿海外，自珠江口到鸭绿江口外附近海域均产，以黄海、渤海最常见

　　褐牙鲆体侧扁，呈长卵圆形。体长可达 800 毫米以上。体长为体高 2.4 ~ 2.7 倍，为头长 3.2 ~ 3.9 倍。头长为吻长 4 ~ 5.1 倍，为眼径 4 ~ 7.5 倍，为眼间隔 7.7 ~ 20 倍，为背鳍条长 2.3 ~ 2.7 倍，为左胸鳍条长 2.1 ~ 2.8 倍，为左腹鳍条长 3.4 ~ 4.2 倍，为尾鳍长 1.3 ~ 1.6 倍，为尾柄长 2.8 ~ 4.1 倍；尾柄高为长 1.2 ~ 1.7 倍。体重一般 1.5 ~ 3 千克，大者可达 5 千克。口大，斜裂。两颌等长，上下颌各具一行尖锐牙齿。尾柄短而高。2 只眼睛均在头的左侧，眼球隆起。鳞小，有眼一侧被栉鳞，体呈深褐色并具暗色斑点；无眼一侧被圆鳞，体呈白色。胸鳍稍小；腹鳍基部短，左右对称；尾鳍后缘双截形，侧线明显，在胸鳍上方有一弓状弯曲部。背鳍、臀鳍和尾鳍均有暗色斑纹，胸鳍有暗色点列成横条纹。

褐牙鲆

褐牙鲆为冷温性底栖鱼类，幼鱼和成鱼具潜沙习性。春季洄游至近岸浅海及河口内湾，秋季水温下降进入深海处，成鱼繁殖期发生在岩礁水域的下层水深30～200米，卵和仔鱼浮游在水深3～33米。自然界成熟的个体通常喜欢潜伏在硬沙质底层。通常在多泥底、淤泥沉积底、平坦的沙质底栖息。

黄渤海区褐牙鲆性成熟的年龄为3龄，少数雄鱼2龄即成熟，人工养殖的亲鱼可比天然海区的亲鱼提早1年性成熟。产卵期为4～6月，盛期为5月。最小性成熟雌鱼体长约480毫米。怀卵量：体长480毫米时，约为20万粒；体长600毫米时，约40万粒。

孵化时，水温17.2℃～18.6℃，约需52小时；20℃时，约需48小时；27℃时，仅部分卵能孵出仔鱼。初出仔鱼身弯，10～30分钟后伸直，全长2.07～2.44毫米。1天后，全长3.04～3.52毫米。2天后，全长3.2～3.7毫米。3天后，全长3.6～3.75毫米，口与肛门形成。4天后，始摄食。5天后，全长3.8～4.2毫米，卵黄消失。15天后，后半部有3个冠状幼鳍突起。17天后，全长8.25毫米，冠状幼鳍有5枚鳍条，两眼尚对称。20天后入稚鱼期，全长8.28～11.44毫米，右眼始上移，两颌有小牙，尾鳍条15枚。25～26天后，全长10.6～11.16毫米，头顶下凹，右眼更高，奇鳍与腹鳍基本形成。游时体态正常，静时仍倒悬水中。28天后，全长12.6毫米，右眼位头顶，冠状幼鳍缩短，体呈扁卵圆形，腹部肌厚不透明。始底层生活，食底栖动物，体左侧向上。35天后，体不透明，全长13.7～20.54毫米，有鳞及侧线。42～45天后，全长20.28～25.48毫米，进入幼鱼期，外形似成鱼。

▶ 钝吻黄盖鲽

学　　名	*Pseudopleuronectes yokohamae*
中文别称	横滨拟鲽、横滨黄盖鲽、孙鲽、黄盖鲽
分类地位	脊索动物门辐鳍鱼纲鲽形目鲽科黄盖鲽属
自然分布	在我国分布于黄海、渤海、东海北部

钝吻黄盖鲽体椭圆形，侧扁。体长可达 385 毫米。体长为体高 2.2 ～ 2.4 倍，为头长 4 ～ 4.4 倍。头长为吻长 6.2 ～ 7.3 倍，为眼径 4 ～ 5.7 倍，为眼间隔 11.7 ～ 17.6 倍，为上颌长 3.7 ～ 4.3 倍，为背鳍条长 1.4 ～ 2 倍，为右胸鳍长 1.7 ～ 1.9 倍，为右腹鳍长 2.3 ～ 3 倍，为尾鳍长 1 ～ 1.2

钝吻黄盖鲽

倍，为尾柄长 2.5 ～ 3.7 倍。尾柄长小于高。头钝，上眼前部头背缘微凹。吻钝短。眼位左侧。眼间隔窄，微凹。前鼻孔有管状皮突；右鼻孔位下眼上缘前方吻侧；左鼻孔位上眼前缘头左侧。口小，前位，上颌长不及头长 1/3。上下唇右侧各有一皮膜突起。两颌牙侧扁，门牙状。鳃孔略伸过胸鳍基。鳃耙宽钝，长不大于宽，有小刺。鳃峡后端位前鳃盖骨后缘稍前下方。肛门微偏左侧，生殖孔位其后右上方。头体右侧被小栉鳞，吻背面及两颌无鳞，眼间隔有鳞，奇鳍鳞很小，侧线上鳞 30 纵行以上；左侧被小圆鳞。左右侧线在胸鳍上方呈浅弧状，弧长为弧高 5 ～ 6 倍，颞上枝伸达第 5 ～ 6 背鳍条附近，有眼下枝，在上眼后方呈粗骨嵴。背鳍始于上眼前部头稍左侧和左鼻孔后方。鳍条不分枝，后端鳍条最细小。臀鳍始于胸鳍基后下方，形似背鳍。第一间脉棘小鱼

略突出，体长 230.3 毫米以上大鱼不突出。右胸鳍小刀状；左胸鳍圆形，为右鳍长的 2/3 ～ 3/4，无分枝鳍条。腹鳍基短，近似对称。第 3 鳍条最长，约达第 1 ～ 2 臀鳍条基。尾鳍后端圆截形。头体右侧黄褐色，有大小不等的深褐斑，沿背缘稍下方有 6 块斑，沿腹缘稍上方约有 5 块斑，沿侧线约有 3 块斑；鳍灰黄色，奇鳍有深褐色小杂点，背、臀鳍各有 1 纵行深褐斑，尾鳍后部较暗且前部上下常各有 1 块斑。体左侧白色，鳍黄色。

钝吻黄盖鲽为冷温性底层海鱼。主要以虾类、多毛类等动物为食。

钝吻黄盖鲽产卵时雌、雄鱼游到水面，雌鱼一次性将腹中的卵全部排出，雄鱼接着迅速排精，精子和卵子结合受精，水面出现黏液气泡。

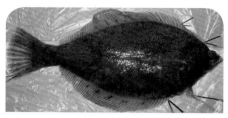

尖吻黄盖鲽

▶ 尖吻黄盖鲽

学　名	*Pseudopleuronectes herzensteini*
中文别称	黄条纹拟鲽、赫氏黄盖鲽、狐鲽
分类地位	脊索动物门辐鳍鱼纲鲽形目鲽科黄盖鲽属
自然分布	在我国分布于辽宁至浙江南部海域

尖吻黄盖鲽体长椭圆形，侧扁。大鱼体长可达 281 毫米。体长为体高 2.3 ～ 2.6 倍，为头长 3.9 ～ 4.5 倍。头长为吻长 5 ～ 7 倍，为眼径 4.2 ～ 5.1 倍，为眼间隔 14 ～ 22.4 倍，为上颌长 4 ～ 4.8 倍，为背鳍条长 1.6 ～ 2.1 倍，为右胸鳍长 1.5 ～ 1.9 倍，为右腹鳍长 2.4 ～ 3.3 倍，为尾鳍长 1.1 ～ 1.3 倍，为尾柄长 2.3 ～ 2.8 倍。尾柄近方形，高略大于长。头高大于头长，背缘在上眼前部上方有一深凹刻。吻尖。两眼位头右侧，上眼

位稍前。眼间隔窄凸嵴状。前鼻孔突出为皮管状；后鼻孔较大，周缘微突出；右鼻孔位下眼上缘前方吻侧；左鼻孔位上眼前缘头左侧。口前位。上颌长不及头长1/4，约达下眼前缘下方。两颌牙门牙状。唇厚，上下唇向右各突出一圆膜状皮突起。鳃孔上端约达侧线与胸鳍基正中间。鳃耙尖三角形，长约为鳃丝的1/2。肛门微偏体左侧，生殖突位偏体右侧。头体右侧被弱栉鳞，侧线至背鳍基约有鳞20～26纵行，吻部、两颌与胸鳍无鳞，眼间隔后半部与奇鳍有鳞；体左侧被圆鳞。左右侧线在胸鳍上方呈深弧状，侧线到眼后方呈粗骨嵴状。背鳍始于上眼瞳孔前缘偏头左侧和左鼻孔后上方；鳍条不分枝。臀鳍始于胸鳍基后下方，形似背鳍。右胸鳍侧位，稍低，小刀状；左胸鳍圆形，右胸鳍为其长1.6～1.7倍。腹鳍基短，近似对称，左腹鳍略短。尾鳍后端圆截形，中部13鳍条分枝。头体右侧黄褐色，常有黑褐斑，沿背缘约有6块斑，腹缘约4块斑，沿侧线有3～4块斑，侧线上下各2～3块斑；鳍灰黄色，背鳍、臀鳍各有一纵行褐斑，尾鳍前半部上下各有1块暗斑。头体左侧白色，鳍淡黄色。

尖吻黄盖鲽为冷温性浅海底层鱼，喜生活于软泥及细沙质海域，以虾类及沙蚕等为食。

尖吻黄盖鲽在底层水温为6℃～9℃海区产卵。洄游与钝吻黄盖鲽相似，常混栖而数量较少。产出卵卵径为0.86～0.95毫米，无油球。水温6℃～10℃时受精，134.5小时孵出仔鱼。刚孵出仔鱼全长2.25～3.02毫米，肛门邻卵黄后缘；4～7日长至3.6～3.9毫米时，卵黄耗尽。

▶ 栉江珧

学　　名	*Atrina pectinata*
中文别称	牛角江珧、牛角蛤、牛角蚶、玉珧
分类地位	软体动物门双壳纲贻贝目江珧科江珧属
自然分布	在我国沿海均有分布

栉江珧

栉江珧壳极大，一般长达 30 厘米，呈直角三角形。壳顶尖细，位于壳之最前端。背线直或略弯；腹缘前半部较直，后半部逐渐突出；后缘直或略呈弓形。壳表面一般的有 10 余条放射肋，肋上具有三角形略斜向后方的小棘。棘状突起在背线最后一行多变成强大的锯齿状。壳表面颜色，幼体多呈白色或浅黄色，成体多呈浅褐色或褐色。壳顶部常被磨损而露出珍珠光泽。壳内颜色与壳表略同，其前半部具珍珠光泽。韧带发达，淡褐色，其高度与背缘相等，自壳顶至背缘 2/3 处韧带较宽，颜色亦较深。闭壳肌巨大。

栉江珧壳喙位于前端位置。壳薄。珍珠层并未延伸到末端。绞齿缺乏。前闭壳肌痕小，位于前端，后闭壳肌大，位于中央。没有水管。用前端的足丝附着于底质，以后缘朝上的方式埋于底质。壳形如一直角梯形，从壳顶到背部平直，这平直线就是连接双壳的韧带。壳为黄绿色，壳上有生长轮。自壳顶有 15 ~ 20 条明显的放射肋。壳内面的背侧后端有不发达的珍珠层。

栉江珧通常生活在潮间带到 20 米深的浅海的沙泥底质中，将背侧后方的尖端插入沙泥中生活，以过滤水中浮游生物为主，通常都是由拖网船捞获。

栉江珧卵生殖腺周年内成熟一次，并存在形成、增殖、成熟和休止 4 个阶段。产卵期 6 ~ 8 月，盛期在 7 月上旬至 8 月中旬，性成熟年龄 1 龄，性比 53.50 ∶ 46.50，个体繁殖力 173.10 万 ~ 5 381.59 万粒，单位卵巢重繁殖力 284.41 万粒 / 克。

保护区管理

（一）机构设置与人员

保护区设置了海洋特别保护区管理办公室，设管理人员 4 名、技术人员 5 名。

（二）管理规章制度执行情况

一是建立档案管理制度，将保护区从申报材料到执法日志归档。二是日常巡护工作建立巡护责任制和巡护报告制度。三是建立保护区信息管理制度，建立资源管护、监察执法、生态保护和日常巡护等工作的记录制度，形成完整系列档案。四是建立健全监督机制，及时解决管理制度执行过程中出现的问题。对违纪人员严肃查处。

（三）工作计划实施情况

一是加强日常定期巡护。日常巡护范围覆盖保护区大部分区域，日常巡护工作建立巡护报告制度，每次巡护结束应填写执法日志。二是加强保护区执法监督。按照有关法律法规的规定，及时制止破坏保护区生态和资源的违法违规行为。三是加强环境监测，及时掌握保护区的海洋环境状况以及海洋生物多样性的现状及变化情况，及时分析保护对象受到的直接和潜在的环境风险，评价保护区生境状况以及主要保护对象的保护情况。

（四）基础设施建设及运行和日常管护工作

按照保护区规定设置了界碑及海上界址浮标，界碑位于中心渔港，根据浮标拐点分布情况设置了 20 个海上界址浮标。在日常管护工作中，保护区将巡查和执法结合一体，每月对保护区滩至少巡航一次。设置了巡视瞭望台，从海岸带办公楼用高倍望远镜能对保护区够直接观察。利用烟台市蓬莱区海洋与渔业指挥中心监控系统，设置了监测范围 10 海里的高清摄像头 6 个，对 2 个保护区实行 24 小时监控，及时掌控保护区现状；同时认真填写执法日志和保护区月报表。

（五）科研监测

蓬莱海洋环境监测站建立了综合性常规实验室，配备海水、沉积物及相关生物的采集与分析仪器设备。管理部门制定了《蓬莱登州浅滩国家级海洋生态特别保护区海洋环境监测计划》，对保护区设置 15 个监测站位，分别在 5 月和 8 月进行监测 2 次，涉及海洋水文、海洋气象、海水质量、海洋沉积物、海洋生物生态等 5 大类监测要素 30 多个参数。

蓬莱国家级海洋公园

PENGLAI GUOJIAJI HAIYANG GONGYUAN

一 保护区名片

地理位置	位于山东省烟台市蓬莱区，胶东半岛北端，庙岛海峡的南侧，东接烟台经济开发区，西邻龙口市，南靠栖霞市，北濒渤、黄二海
地理坐标	37°25'N ~ 37°50'N，120°35'E ~ 121°09'E
级别	国家级
批建时间	2014 年 3 月
面积	68.30 平方千米
保护对象	海洋生物多样性、建立生态型开发利用模式
关键词	海滨防护林、神仙文化、登州浅滩

二 保护区概况

　　蓬莱国家级海洋公园于 2014 年 3 月经国家海洋局批准成立，位于烟台市蓬莱区北部沿海，总面积 68.30 平方千米。其中，重点保护区 21.31 平方千米，生态与资源恢复区 13.90 平方千米，适度利用区 33.09 平方千米。海洋公园内包含登州浅滩与登州水道等海洋生态系统敏感脆弱、具有重要生态服务功能的区域，区域规划确定以海滨旅游、海洋文化产业、生态保护

蓬莱国家级海洋公园

等功能为主。

　　蓬莱国家级海洋公园设立的意义如下：保护海洋生物多样性，恢复受损的海洋
生态系统；通过建立生态型开发利用模式，发挥生态旅游功能，提高社区居民的生
活水平，实现海洋资源的可持续利用；增强公众海洋生态保护意识，促进公众参与
和社区共管模式的形成；通过海洋公园、特别保护区的科学有效管理，促进海洋综
合管理模式及协调管理模式的形成，构建生态效益、经济效益和社会效益协调统一
的和谐发展区。

 功能分区图

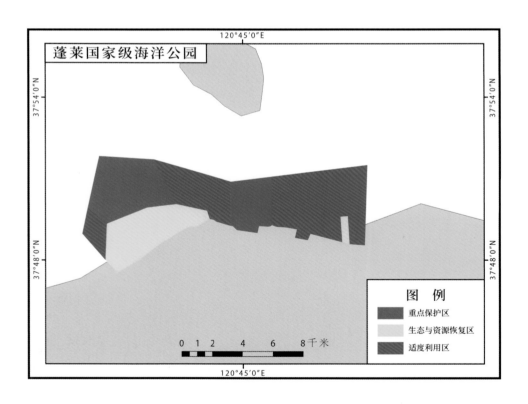

四 代表性资源

（一）旅游资源

▶ 蓬莱阁

蓬莱阁

　　蓬莱阁古建筑群坐落在蓬莱城北面的丹崖山上，占地 32 800 平方米，由蓬莱阁、弥陀寺、龙王宫、天后宫、三清殿、吕祖殿 6 个部分组成。

　　蓬莱阁是蓬莱阁古建筑群的核心建筑。它始建于宋仁宗嘉祐六年（1061），后经历代多次修缮，规模不断扩大。1982 年，蓬莱阁被列为全国第二批重点文物保护单位。蓬莱阁楼高 15 米，坐北朝南，阁楼上四周环以明廊，以供游人登临远眺。高踞在丹崖山顶的蓬莱阁下方是悬崖峭壁，让人望而生畏。峭壁倒挂在碧波之上，在无际的水波中映出绝妙的倒影。站在明廊之上，置身于奇幻山水与

蓬莱阁匾额

朦胧雾气之间，回想当年秦始皇寻药访仙的场情，遥想八仙过海的盛况，吟咏文人骚客们在这里留下的辞章，让人心醉神迷。阁楼中间悬挂着一块金字匾额，上书三个大字"蓬莱阁"，字体苍劲，出自清代大书法家铁保之手。

▶ 三仙山

　　三仙山位于山东省烟台市蓬莱区海滨路9号，坐落在著名的全国渔家乐示范村——抹直口村的海边，同八仙过海风景区相邻，与蓬莱阁咫尺相望。在神话传说中，三仙

三仙山

山，又称三神仙，指的是蓬莱、方丈、瀛洲三座仙山。"三仙山"之名战国时已有之。《史记·封禅书》中记载："此三神山者，其传在勃海中，去人不远……盖尝有至者，诸仙人及不死之药皆在焉。其物禽兽尽白，而黄金银为宫阙。未至，望之如云；及到，三神山反居水下。临之，风辄引去，终莫能至云。"

三仙山景区由三和大殿、蓬莱仙岛、方壶胜境、瀛洲仙境、瀛洲书院、珍宝馆、玉佛寺、十一面观音阁、万方安和等景观组成。亭台楼阁、飞檐翘角气势雄伟，金碧辉煌。园内古木参天、奇石各异、碧水荡漾、珍禽嬉戏，既有北方皇家园林之雄，又有南方私家园林之秀，集中国古典园林之大成，展示出一幅人与自然和谐、天人合一的美妙绝伦的画卷。其中，重108吨的世界第一大整玉卧佛、重72吨的整玉立观音、重260吨的十一面观音均堪称稀世珍品。珍宝馆内珍藏有大量国家级艺术品，数量多、品位高，极具收藏价值和观赏价值，令游览者叹为观止、流连忘返。三仙山风景区被誉为"神话仙境，蓬莱再现"。

▶ 蓬莱水城

蓬莱水城，又名"备倭城"，坐落于山东省烟台市蓬莱区城北丹崖山的东麓。水城背山面海，陡壁悬崖，天险自成，唐时就已成为军事的重地。宋仁宗庆历二年（1042），在此始建

蓬莱水城

海防设施，设刀鱼巡检。明洪武九年（1376），建立水城。永乐六年（1408年），设备倭督指挥使司。万历二十四年（1596），设总兵署都督佥事，统辖山东沿海的战防事宜，兼管海运。天启年间（1621～1627），袁可立（1562—1633）在此操练的水师陆战队

规模最大，并配置了先进的火炮。袁可立在奏疏中曾这样形容道："舳舻相接，奴酋胆寒"。在袁可立的治下，在蓬莱水城一带可以看到"峰顶通望处，逐设烟墩。屯田农幕，处处相望。商船战舰之抛泊近岸者，不知其数"的繁荣景象。

水城以土石混合砌筑而成，平面略呈长方形，周长2 200米。水城仅开南、北二门：南门是陆门，与陆路相通；北门为水门，船只由此出海。小海位居水城的正中，平面略呈窄长形，南北长655米，将城分成东西两半，是城内的主体建筑，占水面的1/2，用以停泊船舰、操练水师。明代最盛时，小海沿岸水榭遍布，歌乐之声，通宵达旦，盛况空前。水城内外还建有码头、防浪坝、平浪台、水师营地、灯楼、炮台、敌台、水闸、护城河等军事设施，形成了严密的海上防御体系，在我国海防建筑史上有着极其重要的地位。

五 历史人文

（一）历史故事

 戚继光与蓬莱水城

戚继光（1528—1588），字元敬，号南塘，晚号孟诸，登州（今山东省烟台市蓬莱区）人，明代杰出的军事家、民族英雄。戚继光出身将门，祖辈六代世袭登州卫指挥佥事。明嘉靖二十三年（1544），戚继光父亲戚景通病故，戚继光袭任登州卫指挥佥事。嘉靖三十二年（1553），戚继光署山东都指挥佥事，负责防范山东沿海的倭寇。

戚继光坐镇蓬莱水城，在水城内的小海训练水师。他还经常率领战船在水城外的海面上巡逻，侦查倭寇动态。他严明军纪，严格执行军法，对不听令的部下严惩不贷，其手下军队以纪律严明著称。

嘉靖三十四年（1555），戚继光调任浙江都司佥事，离开了登州。此后，他转战浙、闽，屡败倭寇；镇守的蓟门，北御鞑靼。万历十年（1582），戚继光遭受弹劾而被罢免，回到登州，后来任广东总兵。万历十三年（1585），戚继光再次遭到弹劾而被罢免，回乡后病死。

在今蓬莱水城小海东侧的水师府内，有一座戚继光纪念馆。纪念馆占地 3 220 平方米，建于 1992 年 6 月，于 1995 年 7 月对外开放，为山东省爱国主义教育基地。其展厅内容展现了民族英雄戚继光保国卫民的戎马一生。

戚继光塑像

（二）民间传说

▶ "一目九仙"的传说

　　蓬莱阁下有条画河，河上有会仙桥、迎仙桥、来宾桥、迎宾桥等9座古桥。传说有9位神丐在此落脚，其中8位是盲人，剩下1位只有1只眼。出去时，一只眼乞丐在前面领路，其余8人一个扶一个肩膀。他们看似迟缓，但其他人想追赶，骑快马也追不上。他们白天在集市上行乞，夜晚就睡在来宾桥下。这9位神丐曾在蓬莱城外种植槐、枣、柳、桃，为后人留下了绿荫和果香，后人把这9位神丐称作"一目九仙"。

会仙桥

最早关于八仙过海的文字记载见于元杂剧《争玉板八仙过海》，后经过民间广泛的流传和诸多文人的演绎，到明代吴元泰的小说《东游记》（又名《上洞八仙传》《八仙出处东游记》）基本定型。

八仙，七男一女，他们以不同身份出现在世人面前。明代王世贞（1526—1590）《题八仙像后》载："以是八公者，老则张，少则蓝、韩，将则钟离，书生则吕，贵则曹，病则李，妇女则何，为各据一端作滑稽观耶？"八仙的法宝各不相同：铁拐李的是葫芦，汉钟离的是扇子，张果老的是渔鼓，吕洞宾的是宝剑，何仙姑的是荷花，蓝采和的是竹篮，韩湘子的是箫，曹国舅的是云板。

相传有一次，八仙在蓬莱阁聚会饮酒。酒至酣时，铁拐李提议乘兴到海上一游，众仙齐声附和，并言定各凭道法渡海，不得乘舟。谁知八仙的举动惊动了龙宫，东海

"八仙过海"雕塑

龙王率虾兵蟹将出海查看，与八仙发生冲突。争斗中，蓝采和被东海龙王所擒，东海龙王的两个龙子被八仙所杀。东海龙王大怒，请来南海龙王、西海龙王、北海龙王与其余七仙王激战起来。这时，观音菩萨恰好经过，喝住双方，并出面调停，东海龙王将蓝采和释放。八仙拜别观音菩萨后，便各持法宝渡海而去。

至今，人们依然可以听到"八仙过海——各显神通"这个歇后语，而八仙过海的传说，也为蓬莱阁增添了一份别样的趣味。

▶ 海市蜃楼

在春夏之交游览蓬莱阁，有可能看到海市蜃楼的奇景。运气好的话，能够在海面上看到一幅幅如神笔勾勒的"水墨画"。这些"画卷"中显现的景物千姿百态，变化莫测，美不胜收。古人将其归因于一种叫作蜃的动物。蜃是古代传说中的一种海怪，古人曾以为蜃是陆地上的野鸡入海所化。东汉许慎（约58—约147）《说文解字》云："雉入海化为蜃。"蜃形如大蛤蜊。三国吴国韦昭云（204—273）："小曰蛤，大曰蜃，皆介物蚌类。"也有人认为蜃是蛟龙类动物。传说蜃呼出的气能够幻化为楼阁城邦，所以把因光的折射和全反射而差生的远处物体的影像（主要是建筑）称为蜃楼或蜃景。蓬莱阁一带的海市蜃楼在北宋沈括（1031—1095）的《梦溪笔谈》中就有详细记载，北宋大文豪苏轼也有《登州海市》一诗对其进行描写。这种可望而不可即的"空中楼阁"，在古人的眼中无疑就是仙境，给蓬莱增添了独具魅力的神秘色彩。

（三）风土人情

▶ 渔民习俗

海洋公园一带渔民有供奉龙王、海神娘娘之俗。每逢重要节日和出海前，摆设供品，点香烧纸，祈求平安。新船下坞，船主择"黄道吉日"，船头投彩，船桅挂彩旗，设供品，点蜡烛，焚香纸，鸣鞭炮，行大礼。船主用朱砂笔为新船点睛、开光。高呼"波静风顺""百事大吉"，送船入海。出海捕鱼前，举行祭祀，鸣鞭炮，焚香烧纸，敲锣打鼓，祈求平安。每逢农历每月

蓬莱渔船

初一、十五，渔民家属于海边为亲人祈祷、祝福。渔船满载归来时，于船桅挂"布桃子"，向乡亲报喜，乡亲们上船祝贺。渔民忌说"翻""扣""完""没有""老"等词语。"翻过来"说成"划过来"或"转过来"；称"帆"为"篷"；"完了""没有了"说成"满了"；"老"字是鲸鱼的尊称，在船上喊人不能叫"老×"；勺子不得扣于锅内，一切器皿不能扣放；不能在船头小便；忌妇女跨越船头、网具。

六 保护区管理

（一）人员构成

蓬莱国家级海洋公园设管理人员 4 名、技术人员 5 名。

（二）管理规章制度执行情况

日常巡护工作建立巡护责任制和巡护报告制度，巡护人员每次巡护结束后填写巡护情况记录或日志，月底填写海洋保护区月报报送烟台市海洋发展和渔业局。

（三）工作计划实施情况

一是加强日常定期巡护，日常巡护范围覆盖保护区大部分区域，日常巡护工作建立巡护报告制度，每次巡护结束应填写执法日志。二是加强保护区执法监督，按照有关法律法规的规定，及时制止破坏保护区生态和资源的违法违规行为。三是加强环境监测，及时掌握海洋公园的海洋环境状况以及海洋生物多样性的现状及变化情况，及时分析保护对象受到的直接和潜在的环境风险，评价保护区生境状况以及主要保护对象的保护情况。

（四）日常管护

在日常管护工作中，海洋公园将巡查和执法结合一体，每月对保护区滩至少巡航一次。"中国海监4059"船和"中国渔政37077"船做好日常巡护和应对突发情况工作。

（五）科研监测

蓬莱海洋环境监测站建立了综合性常规实验室，配备海水、沉积物及相关生物的采集与分析仪器设备。管理部门制定了《蓬莱国家级海洋公园海洋环境监测计划》。保护区设置15个监测站位，分别在5月和8月进行监测2次，涉及海洋水文、海洋气象、海水质量、海洋沉积物、海洋生物生态等5大类监测要素30多个参数。